ÉLÉMENTS

D'ALGÈBRE

DE L'IMPRIMERIE DE CRAPELET

RUE DE VAUGIRARD, 9

ÉLÉMENTS

D'ALGÈBRE

DÉ BÉZOUT

RÉIMPRIMÉS

Conformément à l'arrêté du Ministre de l'Instruction publique

SUR LE TEXTE DE LA DERNIÈRE ÉDITION PUBLIÉE DU VIVANT DE L'AUTEUR
ET SANS AUTRE MODIFICATION QUE L'INTRODUCTION DU SYSTÈME
MÉTRIQUE ET LA SUBSTITUTION DES NOUVELLES MESURES
AUX ANCIENNES

PAR M. SAIGEY

L. HACHETTE ET Cⁱᵉ

LIBRAIRES DE L'UNIVERSITÉ ROYALE DE FRANCE

A PARIS	A ALGER
RUE PIERRE-SARRAZIN, N° 12	RUE DE LA MARINE, N° 117
(Quartier de l'École de Médecine)	(Librairie centrale de la Méditerranée

1848

ÉLÉMENTS

D'ALGÈBRE.

1. Le but de la science qu'on appelle *Algèbre* est de donner les moyens de ramener à des règles générales la résolution de toutes les questions qu'on peut proposer sur les quantités.

Ces règles, pour être générales, ne doivent pas dépendre des valeurs particulières des quantités que l'on considère, mais bien de la nature de chaque question, et doivent être toujours les mêmes pour toutes les questions d'une même espèce.

Il suit de là que l'algèbre ne doit point se borner à employer, pour représenter les quantités, les mêmes caractères ou les mêmes signes que l'arithmétique. En effet, lorsque par les règles de celle-ci on est parvenu à un résultat, rien ne retrace plus à l'esprit la route qui y a conduit. Qu'une ou plusieurs opérations arithmétiques m'aient donné 12 pour résultat, je ne vois rien dans 12 qui m'indique si ce nombre est venu de la multiplication de 3 par 4 ou de 2 par 6, ou de l'addition de 5 avec 7 ou de 2 avec 10, ou en général de toute autre combinaison d'opérations. L'arithmétique donne des règles pour trouver certains résultats, mais ces résultats ne peuvent pas fournir des règles. L'algèbre doit remplir ces deux objets; et pour y parvenir, elle représente les quantités par des signes généraux (ce sont les lettres de l'alphabet), qui n'ayant aucune relation plus particulière avec un nombre qu'avec tout autre, ne représentent que ce qu'on veut ou ce que l'on convient de leur faire représenter. Ces signes, toujours présents aux yeux dans toute la suite d'un calcul, conservent pour ainsi dire l'empreinte des opérations par lesquelles ils passent; ou du moins ils offrent, dans les résultats de ces opérations, des traces de la route qu'on doit tenir pour arriver au même but par les moyens les plus simples. Nous ne nous attachons point ici à développer davantage cette légère idée que nous donnons de l'algèbre; la suite de cet ouvrage y est destinée.

1

Non-seulement on représente, en algèbre, les quantités par des signes généraux; on y représente aussi leur manière d'être les unes à l'égard des autres, et les différentes opérations qu'on a dessein de faire sur elles : en un mot, tout est représentation; et lorsqu'on dit qu'on fait une opération, c'est une nouvelle forme qu'on donne à une quantité. A mesure que nous avancerons, nous ferons connaître ces différentes manières de représenter ce qui a rapport aux quantités.

DES OPÉRATIONS FONDAMENTALES SUR LES QUANTITÉS CONSIDÉRÉES GÉNÉRALEMENT.

2. On fait, en algèbre, sur les quantités représentées par des lettres, des opérations analogues à celles qu'on fait en arithmétique sur les nombres; c'est-à-dire qu'on les ajoute, on les soustrait, on les multiplie, on les divise, etc.; mais ces opérations diffèrent de celles de l'arithmétique en ce que leurs résultats ne sont souvent que des indications d'opérations arithmétiques.

DE L'ADDITION ET DE LA SOUSTRACTION.

3. L'addition des quantités semblables n'a besoin d'aucune règle; il est évident que pour ajouter une quantité représentée par a, avec la même quantité a, il faut écrire $2a$; pour ajouter $2a$ avec $3a$, il faut écrire $5a$, et ainsi de suite.

Quant aux quantités dissemblables et qu'on représente toujours par des lettres différentes, on ne fait qu'indiquer cette addition; et cela s'indique par le moyen de ce signe $+$, qui se prononce *plus*. Ainsi, si l'on veut ajouter une quantité représentée par a avec une autre représentée par b, on ne peut faire autre chose qu'écrire $a+b$; en sorte qu'on ne connaît véritablement le résultat que quand on connaît les valeurs particulières des quantités représentées par a et par b; si a vaut 5 et si b vaut 12, $a+b$ vaudra 17.

Pareillement, pour ajouter $5a+3b$ avec $9a+2c$ et $9b+3d$, on écrira

$$5a + 3b + 9a + 2c + 9b + 3d;$$

et rassemblant les quantités semblables, on aura

$$14a + 12b + 2c + 3d.$$

4. Il y a les mêmes choses à dire sur la soustraction que sur l'addition. Si les quantités sont semblables, on n'a besoin d'aucune règle : il est évident que si de $5a$ on veut retrancher $2a$, il reste $3a$.

Mais si les quantités sont dissemblables, on ne peut qu'indiquer la soustraction ; cela s'indique à l'aide de ce signe —, qu'on prononce en disant *moins*. Ainsi si l'on a b à retrancher de a, on écrira $a-b$. Pour retrancher $3b$ de $5a$, on écrira $5a-3b$. Pour retrancher $5a+4b$ de $9a+6b$, on écrira

$$9a+6b-5a-4b,$$

et faisant déduction des quantités semblables (ce qu'on appelle faire la *réduction*), on a pour reste $4a+2b$. Enfin pour retrancher $5a+3b+4c$ de $6a+4b+4d$, on écrira

$$6a+4b+4d-5a-3b-4c,$$

et en réduisant, on aura $a+b+4d-4c$.

5. Un nombre qui précède une lettre s'appelle le *coefficient* de cette lettre ; ainsi dans $3b$, 3 est le coefficient de b. Lorsqu'une lettre doit avoir 1 pour coefficient, on ne met point ce coefficient : ainsi, lorsque de $3a$ on retranche $2a$, il reste $1a$; on écrit seulement a. Il faut donc bien se garder de croire que le coefficient d'une lettre, lorsqu'il ne paraît point, soit zéro ; il est alors l'unité ou 1.

6. Il importe peu dans quel ordre on écrive les quantités qu'on ajoute ou qu'on retranche ; si l'on doit ajouter a avec b, on peut indifféremment écrire $a+b$ ou $b+a$; et pour retrancher b de a, on peut écrire également $a-b$ ou $-b+a$. Mais comme on prononce plus aisément les lettres dans l'ordre alphabétique que dans tout autre, nous suivrons cet ordre autant que nous le pourrons.

7. Remarquons encore que lorsqu'une quantité n'a point de signe elle est censée avoir le signe $+$; a est la même chose que $+a$. On est dans l'usage de supprimer le signe dans la quantité qu'on écrit la première, lorsque cette quantité doit avoir le signe $+$; mais si elle devait avoir le signe —, il ne faudrait pas l'omettre.

8. Lorsque après une opération on procède à la réduction, il peut arriver que l'on ait une quantité à retrancher d'une autre plus petite : alors on retranche la plus petite de la plus grande, et on donne au reste le signe de la plus grande. Par exemple, si après avoir ajouté $2a + 3b$ avec $5a - 7b$, on veut réduire le résultat $2a + 3b + 5a - 7b$, on écrira $7a - 4b$, en retranchant $3b$ de $7b$, et donnant au reste $4b$ le signe qu'avait $7b$. En effet, le signe — de $7b$ dans la quantité $5a - 7b$, indique que $7b$ doit être retranché ; mais si l'on vient à augmenter $5a - 7b$ de la quantité $2a + 3b$, il est visible que les $3b$ qu'on ajoute diminuent d'autant la soustraction qu'on avait à faire ; il ne doit donc plus y avoir que $4b$ à retrancher ; il faut donc qu'il y ait — $4b$ dans le résultat. De là nous conclurons cette règle générale : *L'addition des quantités algébriques se fait en écrivant leurs parties à la suite les unes des autres, avec leurs signes tels qu'ils sont : on réduit ensuite les quantités semblables à une seule, en rassemblant d'une part toutes celles qui ont le signe +, et d'une autre part toutes celles qui ont le signe — ; enfin, on retranche le plus petit résultat du plus grand, et on donne au reste le signe qu'avait le plus grand.*

Exemple.

On veut ajouter les quatre quantités suivantes :

$$5a + 3b - 4c$$
$$2a - 5b + 6c + 2d$$
$$a - 4b - 2c + 3e$$
$$7a + 4b - 3c - 6e$$

Somme $5a + 3b - 4c + 2a - 5b + 6c + 2d + a - 4b - 2c + 3e + 7a + 4b - 3c - 6e$.

Faisant la réduction, j'ai pour les a, $15a$; pour les b, j'ai $+ 7b$ d'une part et $- 9b$ de l'autre, et par conséquent $- 2b$ pour reste ; pour les c, j'ai $- 9c$ d'une part, et $+ 6c$ de l'autre, et par conséquent $- 3c$ pour reste ; réduisant les autres de même, on trouve enfin $15a - 2b - 3c + 2d - 3e$.

9. Les quantités séparées par les signes $+$ et $-$ s'appellent les *termes* des quantités dont elles font parties.

10. Une quantité est appelée *monome, binome, trinome,* etc., selon qu'elle est composée de 1, ou de 2, ou de 3, etc. termes ; et une quantité composée de plusieurs termes dont on ne définit pas le nombre, s'appelle en général un *polynome*.

11. A l'égard de la soustraction des quantités algébriques, voici la règle générale : *Changez les signes des termes de la quantité que vous devez soustraire, c'est-à-dire changez $+$ en $-$, et $-$ en $+$; ajoutez ensuite cette quantité, ainsi changée, avec celle dont on doit soustraire, et réduisez.*

Exemple.

De $6a - 3b + 4c$ on veut retrancher la quantité $5a - 5b + 6c$.

A la suite de $6a - 3b + 4c$, j'écris $- 5a + 5b - 6c$, qui est la seconde quantité, dans laquelle on a changé les signes ; et j'ai $6a - 3b + 4c - 5a + 5b - 6c$, et en réduisant $a + 2b - 2c$ pour reste.

Pour rendre raison de cette règle, prenons un exemple plus simple. Supposons que de a on veuille retrancher b, il est évident qu'on doit écrire $a - b$; mais si de a on voulait retrancher $b - c$, je dis qu'il faut écrire $a - b + c$; en effet, il est clair qu'ici ce n'est pas b tout entier qu'il s'agit de retrancher, mais seulement b diminué de c ; si donc on retranche d'abord b tout entier en écrivant $a - b$, il faut ensuite, pour compenser, ajouter ce qu'on a ôté de trop ; il faut donc ajouter c, il faut donc écrire $a - b + c$, c'est-à-dire qu'il faut changer les signes de tous les termes de la quantité qu'on doit soustraire.

Dans les nombres, cette attention n'est pas nécessaire, parce que si l'on avait $8 - 3$, par exemple, à retrancher de 12, on commencerait par diminuer 8 de 3, ce qui donnerait 5 qu'on retrancherait de 12, et on aurait 7 pour reste ; mais on voit aussi qu'on pourrait retrancher d'abord 8 de 12, et au reste 4 ajouter 3, ce qui donnerait également 7 ; or, c'est ce dernier parti qu'on prend et qu'il faut nécessairement prendre en algèbre, parce qu'on ne peut faire la réduction préliminaire comme sur les nombres.

12. Les quantités précédées du signe $+$ se nomment quantités *positives* ; et celles qui sont précédées du signe $-$ se nomment quantités *négatives*. Nous entrerons par la suite dans quelque détail sur la nature et les usages de ces quantités considérées séparément l'une de l'autre

DE LA MULTIPLICATION.

13. La multiplication algébrique exige quelques considérations qui lui sont particulières, et qui n'ont pas lieu dans la multiplication arithmétique. Indépendamment des quantités, il y a encore les signes à considérer.

Au reste, à ne considérer que les valeurs numériques des quantités représentées par les lettres, on doit se former de la multiplication algébrique la même idée que de la multiplication arithmétique (*Arithm.*, 40); ainsi, multiplier a par b, c'est prendre la quantité représentée par a, autant de fois qu'il y a d'unités dans la quantité représentée par b.

14. Mais comme l'objet est ici de faire ou de représenter la multiplication indépendamment des valeurs numériques des quantités, il faut convenir des signes par lesquels nous indiquerons cette multiplication.

On fait souvent usage de ce signe $\times$, qui signifie *multiplié par*; en sorte que $a \times b$ signifie a multiplié par b, ou que l'on doit multiplier a par b.

On fait aussi usage du point, que l'on interpose entre les deux quantités qu'on doit multiplier; en sorte que $a \cdot b$ et $a \times b$ signifient la même chose.

Enfin, on indique encore la multiplication (du moins entre les quantités monomes) en ne mettant aucun signe entre le multiplicande et le multiplicateur; ainsi $a \times b$, $a \cdot b$, ab sont trois expressions dont chacune désigne qu'on doit multiplier a par b. Cette dernière est la plus usitée.

15. Pour multiplier ab par c, on écrira donc abc. Pour multiplier ab par cd, on écrira $abcd$, et ainsi de suite : il importe peu d'ailleurs dans quel ordre ces lettres soient écrites, parce que (*Arithm.*, 44) le produit est toujours le même dans quelque ordre qu'on multiplie.

16. Lors donc qu'à l'avenir nous rencontrerons une quantité comme ab, ou abc, ou $abcd$, etc., dans laquelle plusieurs lettres se trouveront écrites de suite sans aucun signe, nous en conclurons que cette quantité représente le produit de la multiplication successive de chacune des lettres qui la composent.

17. Nous avons nommé (*Arithm.*, 42) facteur d'un produit, tout nombre qui, par la multiplication, a concouru à former ce produit; ainsi dans ab, a et b sont les facteurs; dans abc, les facteurs sont a, b, c, et ainsi de suite.

18. Il suit de la règle que nous venons de donner (**15**), que *le produit de la multiplication de plusieurs quantités algébriques monomes doit renfermer toutes les lettres qui se trouvent tant dans le multiplicande que dans le multiplicateur.*

Cela posé, si les quantités qu'on doit multiplier étaient composées de la même lettre, cette lettre se trouverait donc écrite dans le produit autant de fois qu'elle l'est dans tous les facteurs ensemble, quel que soit le nombre des quantités qu'on ait à multiplier : ainsi a multiplié par a donnerait aa; aa multiplié par aaa, donnerait $aaaaa$; aa multiplié par aaa et multiplié encore par a, donnerait $aaaaaa$.

19. Dans ce cas, on est convenu de n'écrire cette lettre qu'une seule fois, mais de marquer par un chiffre qu'on appelle *exposant*, et qu'on place sur la droite et un peu au-dessus de la lettre, combien de fois cette lettre est facteur, ou combien de fois elle doit être écrite. Au lieu de aa, on écrira donc a^2; au lieu de aaa, on écrira a^3; au lieu de $aaaaa$, on écrira a^5, et ainsi des autres. Souvenons-nous donc à l'avenir, que *l'exposant d'une lettre marque combien de fois cette lettre est facteur dans un produit.* Dans $a^3 b^2 c$ il y a trois facteurs de valeur différente, savoir a, b, c : mais, de ces lettres, la première est facteur trois fois; la seconde, deux fois; et la troisième, une fois : en effet $a^3 b^2 c$ équivaut à $aaabbc$.

Il faut donc bien se garder de confondre l'exposant avec le coefficient; de confondre, par exemple, a^2 avec $2a$, a^3 avec $3a$. Dans $2a$, le coefficient 2 marque que a est ajouté avec a, c'est-à-dire que $2a$ équivaut à $a + a$; mais dans a^2, l'exposant 2 marque que la lettre a devrait être écrite deux fois de suite sans aucun signe; qu'elle est multipliée par elle-même, ou enfin qu'elle est facteur deux fois; c'est-à-dire que a^2 équivaut à $a \times a$; en sorte que si a vaut 5, par exemple, $2a$ vaut 10; mais a^2 vaut 25.

20. On voit donc que *pour multiplier deux quantités monomes qui auraient des lettres communes, on peut abréger l'opération, en ajoutant tout de suite les exposants des lettres semblables du multiplicande et du multiplicateur.* Ainsi pour multiplier a^5 par a^3, j'écris a^8, c'est-à-dire que j'écris la lettre a en lui donnant pour exposant les deux exposants 5 et 3 réunis. De même, pour multiplier a^3b^2c par a^4b^3cd, j'écris $a^7b^5c^2d$, en écrivant d'abord toutes les lettres différentes $abcd$, et donnant ensuite à la pre-

mière pour exposant 7, qui est la somme des exposants 3 et 4;
à la seconde 5, qui est la somme des deux exposants 2 et 3; et
à la troisième 2, qui est la somme des deux exposants 1 et 1;
car quoique l'exposant de c ne soit pas marqué, on doit néanmoins sous-entendre qu'il est 1, puisque c est facteur une fois;
donc *toute lettre dont l'exposant n'est point écrit est censée
avoir 1 pour exposant; et réciproquement, toutes les fois qu'une
lettre devra avoir 1 pour exposant, on peut se dispenser d'écrire
cet exposant.*

Telle est la règle pour les lettres dans les quantités monomes.

21. Quand les quantités monomes sont précédées d'un
chiffre, c'est-à-dire d'un coefficient, il faut commencer la multiplication par ce coefficient, et cette multiplication se fait
suivant les règles de l'arithmétique; ainsi pour multiplier $5a$
par $3b$, je multiplie d'abord 5 par 3, puis a par b, et je trouve
$15ab$ pour produit. Pareillement, si j'ai $12a^3b^2$ à multiplier par
$9a^4b^3$, j'aurai $108a^7b^5$.

Nous avons dit en arithmétique qu'une quantité était élevée
à la première, seconde, troisième, etc., puissance, ou au
premier, second, troisième degré, selon qu'elle était facteur 1, 2, 3, etc., fois; donc une lettre qui a pour exposant 1,
ou 2, ou 3, ou 4, etc., est censée élevée à la première, ou à la
seconde, ou à la troisième puissance; ainsi a^2 est la seconde
puissance ou le carré de a, a^3 est le cube ou la troisième puissance de a, et ainsi de suite.

22. Ces principes posés, venons à la multiplication des quantités complexes. Il faut, pour cette multiplication, suivre le
même procédé qu'on suit en arithmétique pour les nombres
qui ont plusieurs chiffres; c'est-à-dire qu'il faut multiplier successivement chacun des termes du multiplicande par chacun
des termes du multiplicateur, et cela en observant les règles
que nous venons de donner pour les monomes. On n'est point
assujetti, comme en arithmétique, à opérer en allant de droite
à gauche plutôt que de gauche à droite; cela est indifférent;
nous prendrons même ce dernier parti, qui est le plus en
usage.

Exemple I.

On propose de multiplier $\qquad a + b$

par $\qquad\qquad\qquad\qquad c$

$\qquad\qquad$ produit $\qquad$ ‸ $\quad \overline{ac + bc}$.

1° Je multiplie a par c, ce qui (**15**) me donne ac; 2° je multiplie b par c, ce qui me donne bc; j'ajoute ce second produit au premier en les unissant par le signe $+$, et j'ai $ac + bc$ pour produit total.

S'il y avait un second terme au multiplicateur, je multiplierais actuellement par ce second terme, et j'ajouterais ce second produit au premier.

Exemple II.

Si j'avais	$a + b$
à multiplier par	$c + d$
produit	$\overline{ac + bc + ad + bd}.$

Après avoir multiplié a et b par c, ce qui donne $ac + bc$, je multiplierais aussi a et b par d, ce qui me donnerait $ad + bd$, qui, joint au premier produit, donne $ac + bc + ad + bd$. En effet, multiplier $a + b$ par $c + d$, c'est prendre non-seulement a, mais encore b, autant de fois qu'il y a d'unités dans la totalité de $c + d$, c'est-à-dire autant de fois qu'il y a d'unités dans c, plus autant de fois qu'il y a d'unités dans d.

Exemple III.

On propose de multiplier	$a - b$
par	c
produit	$\overline{ac - bc}.$

Après avoir multiplié a par c, ce qui donne ac, je multiplie b par c, ce qui donne bc; mais au lieu d'ajouter ce dernier produit au premier, je l'en retranche, parce qu'ici ce n'est point la somme des deux quantités a et b qu'il s'agit de multiplier, mais seulement leur différence, puisque $a - b$ signifie qu'on doit retrancher b de a; or si l'on multiplie a tout entier, ainsi qu'on le fait par la première opération, il est visible qu'on y multiplie de trop la quantité b, dont a devrait être diminué; il faut donc ôter de ce produit la quantité b multipliée par c, c'est-à-dire ôter bc.

Dans les nombres, cette attention n'est pas nécessaire, parce qu'avant de faire la multiplication, on ferait la soustraction qui est indiquée ici dans le multiplicande. Si l'on avait, par exemple, 8 — 3 à multiplier par 4, on réduirait tout de suite le multiplicande 8 — 3 à 5, que l'on multiplierait ensuite par 4. Mais on voit aussi qu'on viendrait également au même résultat en multipliant d'abord 8 par 4, ce qui donnerait 32, puis 3 par 4, ce qui donnerait 12 ; et retranchant ce dernier produit du premier, on aurait 20 comme par la première voie ; or cette seconde manière, qu'il serait peut-être ridicule d'employer pour les nombres, devient indispensable pour les quantités littérales, puisque dans celles-ci la soustraction préliminaire ne peut avoir lieu.

Exemple IV.

On propose de multiplier $a - b$

par $c - d$

produit $ac - bc - ad + bd.$

On multipliera d'abord $a - b$ par c, ce qui donnera $ac - bc$; on multipliera ensuite $a - b$ par d, ce qui donnera $ad - bd$; enfin on retranchera ce second produit $ad - bd$ du premier, et (**11**) on aura $ac - bc - ad + bd$ pour produit total.

En effet, puisque le multiplicateur est moindre que c de la quantité d, il marque qu'il ne faut prendre le multiplicande qu'autant de fois qu'il y a d'unités dans c diminué de d ; or comme on ne peut faire cette diminution avant la multiplication, on peut prendre d'abord $a - b$ autant de fois qu'il y a d'unités dans c, c'est-à-dire multiplier $a - b$ par c, puis en retrancher $a - b$ pris autant de fois qu'il y a d'unités dans d, c'est-à-dire en retrancher le produit de $a - b$ par d.

23. Si l'on fait attention aux signes des termes qui composent le produit total $ac - bc - ad + bd$, et qu'on les compare avec les signes des termes du multiplicande et du multiplicateur qui les ont donnés, on observera :

1° Que le terme a, qui est censé avoir le signe $+$, étant multiplié par le terme c, qui est censé aussi avoir le signe $+$, a donné pour produit ac, qui est censé avoir le signe $+$.

2° Que le terme b, qui a le signe $-$, étant multiplié par le terme c, qui est censé avoir le signe $+$, a donné pour produit bc avec le signe $-$.

3° Que le terme a, qui a le signe $+$, multiplié par le terme d, qui a le signe $-$, a donné pour produit ad avec le signe $-$.

4° Enfin que le terme b, qui a le signe $-$, étant multiplié par le terme d, qui a aussi le signe $-$, a donné pour produit le terme bd, qui a le signe $+$.

Donc à l'avenir nous pourrons reconnaître facilement dans les multiplications partielles si les produits particuliers doivent être ajoutés ou retranchés; il suffira pour cela d'observer les deux règles suivantes, que nous fournissent les observations que nous venons de faire.

24. *Si les deux termes que l'on doit multiplier l'un par l'autre ont tous deux le même signe, c'est-à-dire ou tous deux $+$ ou tous deux $-$, leur produit aura toujours le signe $+$. Si au contraire ils ont différents signes, c'est-à-dire l'un $+$ et l'autre $-$, ou l'un $-$ et l'autre $+$, leur produit aura toujours le signe $-$.*

A l'aide de ces règles et de celles que nous avons données (**15**, **20**, **21** et **22**), on est en état de faire toute multiplication algébrique. Mais pour procéder avec méthode, on observera d'abord la règle des signes, puis celle des coefficients, enfin celle des lettres et des exposants.

Terminons par un exemple où toutes ces règles soient appliquées.

Exemple V.

$$
\begin{array}{l}
5a^4 - 2a^3b + 4a^2b^2 \\
a^3 - 4a^2b + 2b^3 \\
\hline
5a^7 - 2a^6b + 4a^5b^2 \\
\quad - 20a^6b + 8a^5b^2 - 16a^4b^3 \\
\quad + 10a^4b^3 - 4a^3b^4 + 8a^2b^5 \\
\hline
5a^7 - 22a^6b + 12a^5b^2 - 6a^4b^3 - 4a^3b^4 + 8a^2b^5.
\end{array}
$$

On propose de multiplier … par … produit …

Je multiplie successivement les trois termes $5a^4$, $-2a^3b$, $+4^2ab^2$ par le premier terme a^3 du multiplicateur. Les deux termes $5a^4$ et a^3 ayant le même signe, le produit doit (**24**) avoir le signe $+$; mais (**7**) j'omets ce signe, parce qu'il appartient au premier terme du produit. Je multiplie ensuite le coefficient 5 de a^4 par le coefficient 1 de a^3 (**21**), ce qui me donne 5; enfin multipliant a^4 par a^3, selon la règle donnée (**20**), c'est-à-dire ajoutant les deux exposants 4 et 3, j'ai a^7, et par conséquent $5a^7$ pour produit.

Je passe au terme $-2a^3b$; et pour le multiplier par a^3, je vois que les signes de ces deux quantités étant différents, le produit doit avoir le signe $-$; je multiplie ensuite le coefficient 2 de a^3b par le coefficient 1 de a^3, et enfin a^3b par a^3, et j'ai $-2a^6b$ pour produit,

Par un procédé semblable, le terme $+4a^2b^2$ multiplié par a^3 donnera $+4a^5b^2$.

Après avoir multiplié tous les termes du multiplicande par a^3, il faut les multiplier par le second terme $-4a^2b$ du multiplicateur. Le terme $5a^4$ multiplié par $-4a^2b$ de signe différent, donnera $-20a^6b$; le terme $-2a^3b$ multiplié par $-4a^2b$ de même signe, donnera $+8a^5b^2$; et le terme $+4a^2b^2$ multiplié par $-4a^2b$ de signe différent, donnera $-16a^4b^3$.

Enfin, on passera à la multiplication par le terme $+2b^3$, et en suivant les mêmes règles on trouvera $+10a^4b^3-4a^3b^4+8a^2b^5$ pour les trois produits partiels.

Faisant attention que parmi tous les différents produits partiels qu'on vient de trouver, il y a des termes semblables, c'est-à-dire composés des mêmes lettres avec les mêmes exposants, on fera la réduction en réunissant ceux qui ont le même signe et déduisant ceux qui ont des signes contraires, ce qui donnera enfin $5a^7-22a^6b+12a^5b^2-6a^4b^3-4a^3b^4+8a^2b^5$ pour produit total.

25. Comme il importe de se familiariser avec la pratique de cette règle, nous joignons ici, pour exercer les commençants, les exemples suivants :

$$
\begin{array}{c|c|c}
\begin{aligned}
& a+b \\
& a-b \\
\hline
& a^2+ab \\
& -ab-b^2 \\
\hline
& a^2-b^2
\end{aligned}
&
\begin{aligned}
& a+b \\
& a+b \\
\hline
& a^2+ab \\
& +ab+b^2 \\
\hline
& a^2+2ab+b^2
\end{aligned}
&
\begin{aligned}
& a^2+2ab+b^2 \\
& a+b \\
\hline
& a^3+2a^2b+ab^2 \\
& +a^2b+2ab^2+b^3 \\
\hline
& a^3+3a^2b+3ab^2+b^3
\end{aligned}
\end{array}
$$

$$
\begin{aligned}
& a^3+3a^2b+3ab^2+b^3 \\
& a^3-3a^2b+3ab^2-b^3 \\
\hline
& a^6+3a^5b+3a^4b^2+a^3b^3 \\
& -3a^5b-9a^4b^2-9a^3b^3-3a^2b^4 \\
& +3a^4b^2+9a^3b^3+9a^2b^4+3ab^5 \\
& -a^3b^3-3a^2b^4-3ab^5-b^6 \\
\hline
& a^6-3a^4b^2+3a^2b^4-b^6
\end{aligned}
$$

$$
\begin{aligned}
& 5a^3-4a^2b+5ab^2-3b^3 \\
& 4a^2-5ab+2b^2 \\
\hline
& 20a^5-16a^4b+20a^3b^2-12a^2b^3 \\
& -25a^4b+20a^3b^2-25a^2b^3+15ab^4 \\
& +10a^3b^2-8a^2b^3+10ab^4-6b^5 \\
\hline
& 20a^5-41a^4b+50a^3b^2-45a^2b^3+25ab^4-6b^5
\end{aligned}
$$

Nous ajouterons en même temps quelques remarques sur quelques-uns de ces exemples. Dans le premier on a multiplié $a+b$, qui représente généralement la somme de deux quantités, par $a - b$, qui représente généralement leur différence, et l'on trouve pour produit $a^2 - b^2$ qui est la différence du carré de la première au carré de la seconde, ou la différence des carrés de ces deux quantités. On peut donc dire généralement que *la somme de deux quantités, multipliée par leur différence, donne toujours pour produit la différence des carrés de ces mêmes quantités.* Que l'on prenne deux nombres quelconques, 5 et 3 par exemple ; leur somme est 8 et leur différence 2, lesquelles multipliées l'une par l'autre donnent 16, qui est, en effet, la différence du carré de 5 au carré de 3, c'est-à-dire de 25 à 9. Et réciproquement, *la différence des carrés de deux quantités, peut toujours être considérée comme formée par la multiplication de la somme de ces deux quantités par leur différence.* Ainsi la quantité $b^2 - c^2$ qui est la différence du carré de b au carré de c, vient de la multiplication de $b + c$ par $b - c$. Ces deux propositions nous seront utiles par la suite. On peut déjà remarquer en passant un des usages de l'algèbre pour découvrir des vérités générales.

Le second exemple fait voir, d'une manière générale et simple, ce que nous avons dit en arithmétique sur la composition du carré, savoir que *le carré de la somme* $a+b$ *de deux quantités, est composé du carré* a^2 *de la première, du double* $2ab$ *de la première multipliée par la seconde, et du carré* b^2 *de la seconde.*

Le troisième exemple confirme ce que nous avons dit aussi en arithmétique sur la formation du cube. On y voit $a^2 + 2ab + b^2$, carré de $a + b$, qui après avoir été multiplié par $a + b$, donne $a^3 + 3a^2b + 3ab^2 + b^3$, dont le premier terme est le cube de a, le second qui est le même que $3a^2 \times b$, est le triple du carré de a multiplié par b : on voit de même que $3ab^2$ est le triple de a multiplié par le carré de b ; et enfin b^3 est le cube de b.

26. Pour indiquer la multiplication entre deux quantités complexes, on est dans l'usage de renfermer chacune de ces deux quantités entre deux crochets, et d'interposer entre elles l'un des signes de multiplication dont nous avons parlé plus haut (**14**) ; quelquefois même on n'interpose aucun signe ; ainsi pour marquer que la totalité de la quantité $a^2 + 3ab + b^2$ doit être multipliée par la totalité de $2a + 3b$, on écrit $(a^2 + 3ab + b^2) \times (2a + 3b)$ ou $(a^2 + 3ab + b^2).(2a + 3b)$ ou simplement $(a^2 + 3ab + b^2)(2a + 3b)$. Quelquefois au lieu d'écrire chaque quantité entre deux crochets, on couvre chacune d'une barre en cette manière, $\overline{a^2 + 3ab + b^2} \times \overline{2a + 3b}$.

27. Il y a beaucoup de cas où il est plus avantageux d'indiquer la multiplication que de l'exécuter. On ne peut donner de règles générales sur ce sujet, parce que cela dépend des circonstances qui donnent lieu à ces opérations : nous verrons par la suite plusieurs de ces cas. C'est principalement par l'usage qu'on apprend à les distinguer. On peut cependant dire assez généralement, qu'il convient de se contenter d'indiquer les multiplications, lorsque celles-ci doivent être suivies de la division ; parce que cette dernière opération s'exécutant souvent, ainsi qu'on va le voir, par la seule suppression des facteurs communs au dividende et au diviseur, on distingue plus facilement ces facteurs communs lorsqu'on n'a fait qu'indiquer la multiplication.

DE LA DIVISION.

28. La manière de faire cette opération en algèbre, dépend beaucoup des signes que nous sommes convenus d'employer pour la multiplication. L'objet en est d'ailleurs le même qu'en arithmétique.

29. Lorsque la quantité qu'on proposera à diviser n'aura aucune lettre commune avec le diviseur, alors il n'est pas possible d'exécuter l'opération ; on ne peut que l'indiquer, et cela se fait en écrivant le diviseur au-dessous du dividende, en forme de fraction, et séparant l'un de l'autre par un trait ; ainsi pour marquer qu'on doit diviser a par b, on écrit $\frac{a}{b}$ et l'on prononce a *divisé par* b ; pour marquer qu'on doit diviser $aa+bb$ par $c+d$, on écrit $\frac{aa+bb}{c+d}$.

30. Lorsque le dividende et le diviseur sont monomes, si toutes les lettres qui se trouvent dans le diviseur se trouvent aussi dans le dividende, la division peut être faite exactement, et on l'exécutera en suivant cette règle. *Supprimez dans le dividende toutes les lettres qui lui sont communes avec le diviseur ; les lettres qui resteront composeront le quotient.* Ainsi pour diviser ab par a, je supprime a dans le dividende ab, et j'ai b pour quotient. Pour diviser abc par ab, je supprime ab dans le dividende, et j'ai c pour quotient.

En effet, puisque (**15**) les lettres écrites sans aucun signe interposé sont les facteurs de la quantité dans laquelle elles entrent, les lettres du diviseur, qui sont communes au dividende, sont donc facteurs de ce dividende; or nous avons vu (*Arithm.*, **69**) que lorsqu'on divise un produit par un de ses facteurs, on doit trouver pour quotient l'autre facteur; donc le quotient doit être composé des lettres du dividende, qui ne sont point communes entre celui-ci et le diviseur.

31. Il suit de là que lorsqu'il y aura des exposants, la règle qu'on doit suivre est de *retrancher l'exposant de chaque lettre du diviseur, de l'exposant de pareille lettre du dividende*; ainsi pour diviser a^3 par a^2, je retranche 2 de 3, il me reste 1, et par conséquent j'ai a^1 ou a pour quotient. De même, ayant à diviser $a^4b^3c^2$ par a^2bc, j'aurai a^2b^2c. En effet $\dfrac{a^3}{a^2}$ est la même chose que $\dfrac{aaa}{aa}$ qui selon la règle donnée (**30**) se réduit à a, en ôtant les lettres communes au dividende et au diviseur. En général, puisque le quotient ne doit avoir que les lettres qui ne sont point communes au dividende et au diviseur, l'exposant de chaque lettre du quotient ne doit donc être que la différence entre les exposants de cette lettre dans le dividende et dans le diviseur.

32. Donc si une lettre a le même exposant dans le dividende et dans le diviseur, elle aura zéro pour exposant dans le quotient; ainsi a^3 divisé par a^3 donnera a^0; a^3bc^2 divisé par a^2bc^2, donne $a^1b^0c^0$ ou ab^0c^0. Dans ce cas, on peut se dispenser d'écrire les lettres qui ont 0 pour exposant; car chacune d'elles n'est autre chose que l'unité. En effet, lorsqu'on divise a^3 par a^3, on cherche combien de fois a^3 contient a^3; or, il le contient évidemment 1 fois; le quotient doit donc être 1 : d'un autre côté, a^3 divisé par a^3 donne pour quotient a^0; donc a^0 vaut 1. En général, *toute quantité qui a zéro pour exposant vaut* 1.

33. Si quelques lettres du diviseur ne sont pas communes au dividende, ou si quelques-uns des exposants du diviseur sont plus grands que ceux de pareilles lettres du dividende, alors la division ne peut être faite exactement : on ne peut que l'indiquer comme il a été dit ci-dessus (**29**). Mais on peut simplifier le quotient ou la quantité fractionnaire qui le représente alors. La règle qu'il faut suivre pour cela est de supprimer dans le dividende et dans le diviseur les lettres qui leur sont communes; en sorte que s'il y a des exposants, on efface la lettre qui a le plus petit exposant, et l'on diminue de pareille quantité le plus grand exposant de la même lettre. Par exemple, si l'on propose de diviser a^5bc^3 par $a^2b^3c^4$, on écrira $\dfrac{a^5bc^3}{a^2b^3c^4}$ que l'on réduira en cette manière; on effacera a^2 dans le diviseur, et l'on écrira seulement a^3 dans le dividende; on effacera b dans le dividende, et l'on écrira seulement b^2 dans le diviseur; enfin on effacera c^3 dans le dividende, et l'on écrira seulement c dans le diviseur; en sorte qu'on aura $\dfrac{a^3}{b^2c}$. On trouvera de même que $\dfrac{a^2b^5c^3}{a^3bc^2d}$ se réduit à $\dfrac{b^4c}{ad}$.

Si, par ces opérations, il ne restait plus aucune lettre dans le dividende, il faudrait écrire l'unité; ainsi $\dfrac{a^2}{a^3}$ se réduit à $\dfrac{1}{a}$.

La raison de ces règles est facile à saisir après tout ce qui a été dit ci-dessus; car supprimer, ainsi qu'on le prescrit, le même nombre de lettres dans le dividende et dans le diviseur, c'est diviser, par une même quantité, chacun des deux termes de la fraction qui exprime le quotient : or, cette opération (*Arithm.*, **89**) n'en change point la valeur et simplifie la fraction.

34. Jusqu'ici nous n'avons pas eu égard au coefficient que peuvent avoir le dividende, ou le diviseur, ou tous les deux. La règle qu'on doit suivre à leur égard, est de les diviser comme en arithmétique; et si la division ne peut pas être faite exactement, on les laisse sous la forme de fraction, que l'on réduit à sa plus simple expression (*Arithm.*, **29**), lorsque cela est possible. Par exemple, ayant à diviser $8a^3b$ par $4a^2b$, je divise 8 par 4, et j'ai pour quotient 2; divisant ensuite a^3b par a^2b, j'ai pour quotient a, et par conséquent $2a$ pour quotient total. Ayant à diviser $8a^3b^2$ par $6ab$, j'écris $\dfrac{8a^3b^2}{6ab}$ que je réduis à $\dfrac{4a^2b}{3}$.

35. La règle que nous venons de donner (**33**) est générale, soit que le dividende et le diviseur soient monomes, soit qu'ils soient complexes ou polynomes, pourvu que dans ce dernier cas les lettres communes au dividende et au diviseur soient en même temps communes à tous les termes séparés par les signes $+$ et $-$. C'est ainsi qu'ayant $a^3 + 4a^4b - 5a^2b^3$ à diviser par $a^3 - 5a^2b$, on réduira le quotient $\dfrac{a^5 + 4a^4b - 5a^2b^3}{a^3 - 5a^2b}$ à la

quantité $\dfrac{a^3 + 4a^2b - 5b^3}{a - 5b}$, en supprimant a^2 qui est facteur

commun de tous les termes du dividende et du diviseur.

36. Si le dividende et le diviseur sont complexes, on ne peut donner de règles générales pour reconnaître, par l'inspection seule, si la division peut ou ne peut pas être faite exactement. Il faut, pour s'en assurer et trouver en même temps le quotient, faire l'opération que nous allons enseigner :

1° Disposer sur une même ligne le dividende et le diviseur, et *ordonner* leurs termes par rapport à une même lettre commune à l'un et à l'autre, c'est-à-dire écrire par ordre de grandeur les termes où cette lettre a des exposants consécutivement plus petits.

2° Cette disposition faite, on sépare le dividende du diviseur par un trait, et on procède à la division en prenant seulement le premier terme du dividende que l'on divise, suivant les règles données ci-dessus (**30, 31** et **34**) par le premier terme du diviseur, et l'on écrit le quotient sous le diviseur.

3° On multiplie successivement tous les termes du diviseur par le quotient qu'on vient de trouver, et on porte les produits sous le dividende, en observant de changer leur signe.

4° On souligne le tout, et après avoir fait la réduction des termes semblables, on écrit le reste au-dessous pour commencer une seconde division de la même manière, en prenant pour premier terme celui des termes restants qui a le plus fort exposant.

Sur quoi il faut remarquer qu'ici, comme dans la multiplication, on doit avoir égard aux signes du terme du dividende et du terme du diviseur que l'on emploie : la règle est la même que pour la multiplication, c'est-à-dire que

Si le dividende et le diviseur ont le même signe, le quotient aura le signe $+$.

Si au contraire ils ont différents signes, le quotient aura le signe $-$.

Cette règle pour les signes est fondée sur ce que (*Arithm.*, **74**) le quotient multiplié par le diviseur doit reproduire le dividende. Il faut donc que le quotient ait des signes tels qu'en le multipliant par le diviseur on reproduise le dividende avec les mêmes signes; or cette condition entraîne nécessairement la règle que nous venons de donner.

Pour procéder avec ordre, on commencera par les signes, puis on divisera le coefficient, enfin les lettres.

Exemple.

On propose de diviser $aa - bb$ par $b + a$.

J'ordonne le dividende et le diviseur par rapport à l'une ou à l'autre des deux lettres a et b, par rapport à a par exemple, et je les écris comme on le voit ici :

$$\begin{array}{rl|l} \text{dividende} & aa - bb & a + b \ \text{diviseur.} \\ & -aa - ab & \overline{a - b} \ \text{quotient.} \\ \hline \text{reste} & -ab - bb & \\ & +ab + bb & \\ \hline \text{reste} & 0 & \end{array}$$

Le signe du premier terme aa du dividende étant le même que celui de a premier terme du diviseur, je dois mettre $+$ au quotient; mais comme c'est le premier terme, je puis omettre le signe $+$.

Je divise aa par a; j'ai pour quotient a que j'écris sous le diviseur.

Je multiplie successivement les deux termes a et b du diviseur par le premier terme a du quotient, et j'écris les produits aa et ab sous le dividende, avec le signe $-$, contraire à celui qu'a donné la multiplication, parce que ces produits doivent être retranchés du dividende.

Je fais la réduction en effaçant les deux termes aa et $-aa$ qui se détruisent; il me reste $-ab$, qui, avec la partie restante $-bb$ du dividende, compose ce qui me reste à diviser.

Je continue la division en prenant $-ab$ pour premier terme de mon nouveau dividende.

Divisant $-ab$ par a, j'écris $-$ au quotient, parce que les signes du dividende et du diviseur sont différents. Quant aux lettres, je trouve b pour quotient, et je l'écris à la suite du premier quotient.

Je multiplie les deux termes a et b du diviseur par le terme $-b$ du quotient; les deux produits sont $-ab$ et $-bb$; je change leurs signes et j'écris $+ab + bb$ sous les parties restantes du dividende. Je fais la réduction en effaçant les parties semblables et de signe contraire : comme il ne reste rien, j'en conclus que le quotient est $a - b$.

On aurait pu également ordonner le dividende et le diviseur par rapport à la lettre b, et alors on aurait eu $- bb + aa$ à diviser par $b + a$, ce qui, en opérant de la même manière, aurait donné $- b + a$ pour quotient, quantité qui est la même que $a - b$.

Avant que de passer à l'exemple qui suit, il est à propos que les commençants s'exercent sur les exemples suivants :

$$
\begin{array}{l|l}
a^3 - b^3 & \underline{a - b} \\
\underline{- a^3 + a^2 b} & a^2 + ab + b^2 \\
\quad + a^2 b - b^3 \\
\quad \underline{- a^2 b + ab^2} \\
\qquad + ab^2 - b^3 \\
\qquad \underline{- ab^2 + b^3} \\
\qquad\qquad 0
\end{array}
$$

$$
\begin{array}{l|l}
a^6 - b^6 & \underline{a^3 + b^3} \\
\underline{- a^6 - a^3 b^3} & a^3 - b^3 \\
\quad - a^3 b^3 - b^6 \\
\quad \underline{+ a^3 b^3 + b^6} \\
\qquad\qquad 0
\end{array}
$$

$$
\begin{array}{l|l}
a^4 + 2aabb + b^4 - c^4 & \underline{aa + bb + cc} \\
\underline{- a^4 - aabb - aacc} & aa + bb - cc \\
\quad + aabb - aacc + b^4 - c^4 \\
\quad \underline{- aabb - b^4 - bbcc} \\
\qquad - aacc - bbcc - c^4 \\
\qquad \underline{+ aacc + bbcc + c^4} \\
\qquad\qquad 0
\end{array}
$$

$$
\begin{array}{l|l}
8a^4 - 2a^3 b - 13a^2 b^2 - 3ab^3 & \underline{4a^2 + 5ab + b^2} \\
\underline{- 8a^4 - 10a^3 b - 2a^2 b^2} & 2a^2 - 3ab \\
\quad - 12a^3 b - 15a^2 b^2 - 3ab^3 \\
\quad \underline{+ 12a^3 b + 15a^2 b^2 + 3ab^3} \\
\qquad\qquad 0
\end{array}
$$

$$
\begin{array}{l|l}
20a^5 - 41a^4 b + 50a^3 b^2 - 45a^2 b^3 + 25ab^4 - 6b^5 & \underline{5a^3 - 4a^2 b + 5ab^2 - 3b^3} \\
\underline{- 20a^5 + 16a^4 b - 20a^3 b^2 + 12a^2 b^3} & 4a^2 - 5ab + 2b^2 \\
\quad - 25a^4 b + 30a^3 b^2 - 33a^2 b^3 + 25ab^4 - 6b^5 \\
\quad \underline{+ 25a^4 b - 20a^3 b^2 + 25a^2 b^3 - 15ab^4} \\
\qquad + 10a^3 b^2 - 8a^2 b^3 + 10ab^4 - 6b^5 \\
\qquad \underline{- 10a^3 b^2 + 8a^2 b^3 - 10ab^4 + 6b^5} \\
\qquad\qquad 0
\end{array}
$$

37. Si après avoir ordonné le dividende et le diviseur par rapport à une même lettre, il se trouvait plusieurs termes dans lesquels cette lettre eût le même exposant, on disposerait ceux-ci dans une même colonne verticale, comme on le voit dans l'exemple suivant; et dans cette disposition, on observerait d'ordonner tous les termes de chaque colonne par rapport à une même autre lettre.

Exemple.

On propose de diviser

$$19a^2b^2 + 13a^3b - 20a^4 - 10a^3c - 6a^2bc + 2ab^2c - 5ab^3,$$

par

$$-3ab - 5a^2 + bb.$$

J'ordonne le dividende et le diviseur par rapport à la lettre a, ce qui me donne

$$-20a^4 + 13a^3b - 10a^3c + 19a^2b^2 - 6a^2bc + 2ab^2c - 5ab^3$$

à diviser par

$$-5a^2 - 3ab + bb ;$$

mais comme il y a deux termes affectés de a^3, deux termes affectés de a^2, et deux termes affectés de a, je le dispose comme on le voit ici, en ordonnant dans chaque colonne par rapport à la lettre b.

$$
\begin{array}{l|l}
\text{dividende} \begin{cases} -20a^4 + 13a^3b + 19a^2b^2 - 5ab^3 \\ \quad -10a^3c - 6a^2bc + 2ab^2c \end{cases} & \dfrac{-5a^2 - 3ab + bb \text{ diviseur}}{4a^2 - 5ab + 2ac \text{ quotient}}
\end{array}
$$

$$+20a^4 + 12a^3b - 4a^2b^2$$

$$\text{reste} \quad \begin{cases} +25a^3b + 15a^2b^2 - 5ab^3 \\ \;-10a^3c - 6a^2bc + 2ab^2c \end{cases}$$

$$-25a^3b - 15a^2b^2 + 5ab^3$$

$$\text{reste} \quad -10a^3c - 6a^2bc + 2ab^2c$$

$$+10a^3c + 6a^2bc - 2ab^2c$$

$$\text{reste} \qquad\qquad 0$$

Je procède ensuite à l'opération en divisant $-20a^4$ premier terme du dividende, par $-5a^2$ premier terme du diviseur. Cette opération faite suivant les règles ci-dessus, me donne pour quotient $+4a^2$ ou simplement $4a^2$, parce que c'est le premier terme; je l'écris au quotient.

Je multiplie les trois termes du diviseur successivement par $4a^2$, et changeant les signes à mesure que je trouve ces produits, je les écris sous le dividende, ce qui me donne $20a^4 + 12a^3b - 4a^2b^2$, dont je fais la réduction avec les termes du dividende, et j'ai pour reste et pour nouveau dividende

$$+25a^3b - 10a^3c + 15a^2b^2 - 6a^2bc - 5ab^3 + 2ab^2c.$$

Je continue la division en prenant $+25a^3b$ pour dividende, et je trouve pour quotient $-5ab$; j'écris ce quotient; je multiplie, par cette même quantité, les trois termes du diviseur; et changeant les signes à mesure que je les trouve, j'écris les produits sous mon nouveau dividende; j'ai $-25a^3b-15a^2b^2+5ab^3$, dont faisant la réduction avec les termes de ce même nouveau dividende, j'ai pour reste et pour troisième dividende

$$-10a^3c-6a^2bc+2ab^2c.$$

Je passe à une troisième division en prenant $-10a^3c$ pour dividende; je trouve $+2ac$ pour quotient; je fais la multiplication, le changement de signes, et la réduction comme ci-devant, et il ne me reste rien : ainsi le quotient est $4a^2-5ab+2ac$.

38. Il arrive souvent qu'une quantité résultante de plusieurs opérations différentes peut être mise sous la forme d'un produit ou résultat de multiplication; lorsque cela arrive, il est très-souvent utile de lui donner cette forme, en indiquant la multiplication entre ses facteurs. Quoique la méthode générale pour découvrir ces facteurs dépende de connaissances que nous ne donnerons que par la suite, néanmoins nous observerons que lorsqu'on s'est un peu familiarisé avec la multiplication et la division, on les aperçoit dans beaucoup de cas avec facilité. Par exemple, si on avait à ajouter $5ab-3bc+a^2$ avec $3ab+3bc-a^2$, on aurait $8ab-a^2$, qui, à cause de la lettre a, qui est facteur commun des deux termes $8ab$ et a^2, peut être considéré comme étant venu de la multiplication de $8b-a$ par a, et peut être représenté par $(8b-a)\times a$. Il est utile de s'exercer à ces sortes de décompositions.

DE LA MANIÈRE DE TROUVER LE PLUS GRAND COMMUN DIVISEUR DE DEUX QUANTITÉS LITTÉRALES.

39. La méthode pour trouver le plus grand commun diviseur de deux quantités littérales est analogue à celle que nous avons donnée pour les nombres (*Arithm.*, 95). Il faut, après avoir ordonné les deux quantités par rapport à une même lettre, diviser celle où cette lettre a le plus grand exposant par la seconde, et continuer la division jusqu'à ce que cet exposant y soit devenu moindre que dans la seconde, ou tout au plus égal. On divise ensuite la seconde par le reste de cette division et avec les mêmes conditions. On divise après cela le premier reste par le second, et l'on continue de diviser le reste précédent par le nouveau jusqu'à ce qu'on soit arrivé à une division exacte; alors le dernier diviseur qu'on aura employé est le plus

grand commun diviseur cherché. La démonstration est fondée sur les mêmes principes que celle que nous avons donnée en Arithmétique, p. 49.

Avant de mettre cette règle en pratique, nous ferons une observation qui peut en faciliter l'usage ; cette observation est qu'on ne change rien au plus grand commun diviseur de deux quantités, lorsqu'on multiplie ou lorsqu'on divise l'une des deux par une quantité qui n'est point diviseur de l'autre, et qui n'a aucun commun diviseur avec cette autre. Par exemple, ab et ac ont pour commun diviseur a ; si je multiplie ab par d, il deviendra abd qui n'a, avec ac, d'autre commun diviseur que a, c'est-à-dire le même qui était entre ab et ac.

Il n'en serait pas de même si je multipliais ab par un nombre qui fût diviseur de ac, ou qui eût un facteur commun avec ac ; par exemple, si je multipliais ab par c, il deviendrait abc, dont le diviseur commun avec ac est ac lui-même. Pareillement, si je multipliais ab par cd qui a un facteur commun avec ac, j'aurais $abcd$ dont le diviseur commun avec ac est ac.

40. Concluons de là : 1° que si en cherchant le plus grand commun diviseur de deux quantités, on s'aperçoit dans le cours des divisions que l'on fera successivement, que le dividende ou le diviseur ait un facteur ou un diviseur qui ne soit point facteur de l'autre, on pourra supprimer ce facteur.

2° Qu'on pourra multiplier l'une des deux quantités par tel nombre qu'on voudra, pourvu que ce nombre ne soit point diviseur de l'autre quantité, et n'ait aucun facteur commun avec elle.

Appliquons maintenant la règle et les remarques que nous venons de faire.

Supposons qu'on demande le plus grand commun diviseur de $aa-3ab+2bb$ et $aa-ab-2bb$. Je divise la première par la seconde : j'ai 1 pour quotient et $-2ab+4bb$ pour reste. Je vais donc diviser $aa-ab-2bb$ par le reste $-2ab+4bb$; mais comme celui-ci a pour facteur $2b$ qui n'est point facteur du nouveau dividende, je supprime ce facteur $2b$, et je me contente de chercher le commun diviseur de $aa-ab-2bb$ et $-a+2b$, c'est-à-dire de diviser $aa-ab-2bb$ par $-a+2b$; la division se fait exactement. J'en conclus que $-a+2b$ est le plus grand commun diviseur des deux quantités proposées.

Proposons-nous pour second exemple de trouver le plus grand commun diviseur des deux quantités $5a^3-18a^2b+11ab^2-6b^3$ et $7a^2-23ab+6b^2$. Il faudrait donc diviser la première de ces deux quantités par la seconde ; mais comme 5 ne peut être divisé exactement par 7, je multiplierai la première par 7, qui n'étant point facteur de tous les termes de la seconde ne peut rien changer au commun diviseur. J'aurai donc $35a^3-126a^2b+77ab^2-42b^3$ à diviser par $7a^2-23ab+6b^2$. En faisant la division, j'aurai $5a$ pour quotient, et pour reste $-11a^2b+47ab^2-42b^3$. Comme l'exposant de a dans celui-ci est encore égal à celui de a dans le diviseur, je puis continuer la division ; mais j'observe qu'il faudra encore, par la même raison que ci-dessus, multiplier par 7 ; d'ailleurs je remarque que je puis ôter b dans tous les termes de $-11a^2b+47ab^2-42b^3$, parce qu'il n'est point facteur commun de tous les termes du diviseur $7a^2-23ab+6b^2$; j'aurai donc, d'après ces observations, $-77a^2+329ab-294b^2$ à diviser par $7a^2-23ab+6b^2$; faisant la division, j'ai -11 pour quotient et $76ab-228b^2$ pour reste. Je vais donc diviser

$7a^2 - 23ab + 6b^2$ qui m'a servi de diviseur jusqu'ici, par le reste $76ab - 228b^2$, ou plutôt par $76a - 228b$. Pour que la division pût se faire, il faudrait multiplier la première de ces deux quantités par 76; mais avant de faire cette multiplication, il faut savoir si 76 n'est pas facteur de toute la quantité $76a - 228b$, ou s'il n'a pas quelqu'un de ses facteurs qui en soit facteur commun. Or, je remarque que 76 est 3 fois dans $228b$; et comme il n'est pas facteur de $7a^2 - 23ab + 6b^2$, je supprime dans le diviseur $76a - 228b$, le facteur 76, et j'ai $7a^2 - 23ab + 6b^2$ à diviser par $a - 3b$ seulement; la division faite, il ne reste rien; d'où je conclus que le commun diviseur des deux quantités proposées est $a - 3b$.

DES FRACTIONS LITTÉRALES.

41. Les fractions littérales se calculent suivant les mêmes règles que les fractions numériques, mais en appliquant en même temps les règles que nous avons données ci-dessus concernant l'addition, la soustraction, la multiplication et la division. Comme cette application est facile, nous la ferons très-sommairement.

42. La fraction $\dfrac{a}{b}$ peut être transformée, sans changer de valeur, en $\dfrac{ac}{bc}$, ou $\dfrac{aa}{ab}$, ou $\dfrac{aa + ab}{ab + bb}$, et ainsi de suite.

En effet, ces dernières ne sont autre chose que la première, dont on a multiplié les deux termes, par c dans le premier cas, par a dans le second, et par $a + b$ dans le troisième, ce qui (*Arithm.*, 88) n'en change pas la valeur.

43. La fraction $\dfrac{aac}{abc}$ est la même chose que $\dfrac{a}{b}$; la fraction $\dfrac{6a^3 + 3a^2b}{12a^3 + 9a^2c}$ est la même que $\dfrac{2a + b}{4a + 3c}$. Cela est évident (*Arithmétique*, 89), en divisant les deux termes de la première par ac, et les deux termes de la troisième par $3a^2$. Au reste, cette réduction des fractions à leur plus simple expression est comprise dans ce qui a été dit (33).

44. La règle générale et la plus sûre pour réduire une fraction quelconque à ses moindres termes est de diviser les deux termes par leur plus grand commun diviseur que l'on trouve par ce qui a été dit (39 et 40).

45. Pour réduire à une seule fraction une quantité composée d'un entier et d'une fraction, il faut, comme en arithmétique, multiplier l'entier par le dénominateur de la fraction qui l'accompagne. Par exemple, $a + \dfrac{bd}{c}$ peut être changé en $\dfrac{ac + bd}{c}$.

De même $a + \dfrac{cd - ab}{b - d}$ se réduit à $\dfrac{ab - ad + cd - ab}{b - d}$, en multipliant l'entier a par le dénominateur $b - d$.

Lorsqu'à la suite de ces opérations il se trouve des termes semblables, il ne faut pas oublier de les réduire; ainsi, dans le dernier exemple, la quantité $a + \dfrac{cd - ab}{b - d}$ a été changée en $\dfrac{ab - ad + cd - ab}{b - d}$, qui se réduit $\dfrac{-ad + cd}{b - d}$ ou $\dfrac{cd - ad}{b - d}$, en effaçant les deux termes ab et $-ab$, qui se détruisent.

46. Pour tirer les entiers qu'une fraction littérale peut renfermer, cela se réduit, comme en arithmétique, à diviser le numérateur par le dénominateur, autant qu'il est possible, et en suivant les règles données ci-dessus pour la division; ainsi la quantité $\dfrac{3ab + ac + cd}{a}$ peut être réduite à $3b + c + \dfrac{cd}{a}$; pareillement la quantité $\dfrac{a^2 + 4ab + 4bb + cc}{a + 2b}$ se réduit à $a + 2b + \dfrac{cc}{a + 2b}$, en faisant la division par $a + 2b$.

47. Pour réduire plusieurs fractions littérales au même dénominateur, la règle est la même qu'en arithmétique : ainsi, pour réduire à un même dénominateur les trois fractions $\dfrac{a}{b}$, $\dfrac{c}{d}$, $\dfrac{e}{f}$, je multiplie les deux termes a et b de la première par df, qui est le produit des dénominateurs des deux autres fractions, et j'ai $\dfrac{adf}{bdf}$. Je multiplie de même les deux termes c et d de la seconde par bf, produit des deux autres dénominateurs, et j'ai $\dfrac{bcf}{bdf}$; enfin je multiplie les deux termes e et f de la dernière par bd, produit des dénominateurs des deux autres, et j'ai $\dfrac{bde}{bdf}$; en sorte que les trois fractions, réduites au même dénominateur, deviennent $\dfrac{adf}{bdf}$, $\dfrac{bcf}{bdf}$, $\dfrac{bde}{bdf}$.

On se conduirait de la même manière si les numérateurs ou

les dénominateurs, ou tous les deux étaient complexes, mais en observant les règles de la multiplication des nombres complexes. C'est ainsi qu'on trouvera que les deux fractions $\frac{b+c}{a+b}$ et $\frac{a-2c}{a-b}$, réduites au même dénominateur, deviennent $\frac{ab+ac-bb-bc}{aa-bb}$ et $\frac{aa-2ac+ab-2bc}{aa-bb}$, en multipliant les deux termes de la première par $a-b$, et les deux termes de la seconde par $a+b$.

48. Quand les dénominateurs ont un diviseur ou facteur commun, on peut réduire les fractions à un même dénominateur plus simplement que par la règle générale. Par exemple, si j'avais les deux fractions $\frac{a}{bc}$, $\frac{d}{bf}$, je vois que les deux dénominateurs seraient les mêmes si f était facteur du premier, et c facteur du second; je multiplie donc les deux termes de la première fraction par f, et les deux termes de la seconde par c; ce qui me donne $\frac{af}{bcf}$ et $\frac{cd}{bcf}$, plus simples que $\frac{abf}{bbcf}$ et $\frac{bcd}{bbcf}$, que j'aurais eues en suivant la règle générale. Si j'avais les trois fractions $\frac{a}{bc}$, $\frac{d}{bf}$, $\frac{e}{cg}$, je vois que si fg était facteur du dénominateur de la première, cg de celui de la seconde, et bf de celui de la troisième, les trois fractions auraient le même dénominateur; je multiplie donc les deux termes de la première par fg, les deux termes de la seconde par cg, et les deux termes de la troisième par bf, et j'ai $\frac{afg}{bcfg}$, $\frac{dcg}{bcfg}$, $\frac{bef}{bcfg}$.

On peut appliquer cela aux nombres en les décomposant en leurs facteurs. Par exemple, $\frac{5}{12}$ et $\frac{3}{16}$ sont la même chose que $\frac{5}{4\times 3}$ et $\frac{3}{4\times 4}$; je multiplie donc les deux termes de la première par 4, et les deux termes de la seconde par 3, et j'ai $\frac{20}{48}$ et $\frac{9}{48}$.

49. A l'égard de l'addition et de la soustraction, lorsqu'on a réduit les fractions au même dénominateur, il ne s'agit plus que de faire l'addition ou la soustraction des numérateurs.

Ainsi les deux fractions $\dfrac{b+c}{a+b}$ et $\dfrac{a-2c}{a-b}$ réduites au même dénominateur, ont donné ci-dessus

$$\frac{ab+ac-bb-bc}{aa-bb} \quad \text{et} \quad \frac{aa-2ac+ab-2bc}{aa-bb};$$

si donc on veut ajouter, on aura

$$\frac{ab+ac-bb-bc+aa-2ac+ab-2bc}{aa-bb}$$

qui se réduit à $\quad \dfrac{2ab-ac-bb-3bc+aa}{aa-bb}.$

Au contraire, si l'on veut retrancher la seconde de la **première**, on aura

$$\frac{ab+ac-bb-bc-aa+2ac-ab+2bc}{aa-bb},$$

qui se réduit à $\quad \dfrac{3ac-bb+bc-aa}{aa-bb}.$

50. Remarquons, en passant, que pour retrancher la seconde fraction, nous avons changé les signes du numérateur seulement : si l'on changeait les signes du numérateur et du dénominateur en même temps, on ne changerait point la fraction, et par conséquent au lieu de la retrancher on l'ajouterait ; en effet $\dfrac{a}{b}$ est la même chose que $\dfrac{-a}{-b}$, selon la règle qui a été donnée (**36**).

51. Pour multiplier $\dfrac{a}{b}$ par $\dfrac{c}{d}$ on écrira $\dfrac{ac}{bd}$ en multipliant numérateur par numérateur et dénominateur par dénominateur, conformément aux règles de l'arithmétique ; de même $\frac{1}{2}\,a \times \frac{1}{2}\,b$ donnera $\frac{1}{4}\,ab$.

Si l'on avait $\dfrac{a}{b}$ à multiplier par c, on pourrait considérer c comme étant $\dfrac{c}{1}$, ce qui ramène cette multiplication au cas précédent et donne $\dfrac{ac}{b}$; mais on voit que cela se réduit à multiplier le numérateur par l'entier c ; nous prendrons donc pour règle dorénavant celle-ci ; *pour multiplier une fraction par un entier, ou un entier par une fraction, il faut multiplier le numérateur par l'entier, et conserver le même dénominateur.*

Si le numérateur et le dénominateur étaient complexes, on leur appliquerait la règle de la multiplication des nombres complexes.

52. Pour diviser $\frac{a}{b}$ par $\frac{c}{d}$, l'opération (*Arithm.*, **109**) se réduit à multiplier $\frac{a}{b}$ par $\frac{d}{c}$, ce qui s'exécute par la règle précédente, et donne $\frac{ad}{bc}$. Et pour diviser $\frac{a+b}{c+d}$ par $\frac{c+d}{-b}$, cela se réduit à multiplier $\frac{a+b}{c+d}$ par $\frac{a-b}{c+d}$, ce qui donne $\frac{(a+b)(a-b)}{(c+d)(c+d)}$ ou $\frac{(a+b)(a-b)}{(c+d)^2}$, ou en faisant la multiplication indiquée dans le numérateur, $\frac{aa-bb}{(c+d)^2}$.

Enfin, si l'on avait $\frac{a}{b}$ à diviser par c, on pourrait considérer c comme étant $\frac{c}{1}$, ce qui ramènerait au cas précédent, et réduirait à multiplier $\frac{a}{b}$ par $\frac{1}{c}$, ce qui donne $\frac{a}{bc}$; d'où l'on voit que *pour diviser une fraction par un entier, il faut multiplier le dénominateur par l'entier, et conserver le numérateur.*

DES ÉQUATIONS.

53. Pour marquer que deux quantités sont égales, on les sépare l'une de l'autre par ce signe =, qui se prononce par le mot *égale*, ou par les mots *est égal à*; ainsi cette expression $a=b$, se prononcerait en disant a égale b, ou a est égal à b.

L'assemblage de deux ou de plusieurs quantités séparées ainsi par le signe =, est ce qu'on appelle une *équation*. La totalité des quantités qui sont à la gauche du signe =, forme ce qu'on appelle le *premier membre* de l'équation ; et la totalité de celles qui sont à la droite de ce même signe, forme le *second membre*. Dans l'équation $4x-3=2x+7$, $4x-3$ forme le premier membre, et $2x+7$ forme le second. Les équations sont d'un très-grand usage pour la résolution des questions qu'on peut proposer sur les quantités.

Toute question qui peut être résolue par l'algèbre renferme toujours dans son énoncé, soit explicitement, soit implicitement, un certain nombre de conditions qui sont autant de moyens de saisir les rapports des quantités inconnues aux quantités connues dont celles-là dependent. Ces rapports peuvent toujours, ainsi qu'on le verra par la suite, être exprimés par des équations dans lesquelles les quantités inconnues et les quantités connues se trouvent combinées les unes avec les autres, et cela d'une manière plus ou moins composée, selon que la question est plus ou moins difficile.

Ainsi pour résoudre, par l'algèbre, les questions qu'on peut proposer sur les quantités, il faut trois choses :

1° Saisir dans l'énoncé ou dans la nature de la question, les rapports qu'il y a entre les quantités connues et les quantités inconnues. C'est une faculté que l'esprit acquiert, comme beaucoup d'autres, par l'usage ; mais il n'y a point de règles générales à donner là-dessus.

2° Exprimer chacun de ces rapports par une équation. Cette condition peut être réduite à une seule règle que nous exposerons par la suite ; mais l'application en est plus ou moins facile selon la nature des questions, la capacité et l'exercice que peut avoir celui qui entreprend de résoudre.

3° Résoudre cette équation, ou ces équations, c'est-à-dire en déduire la valeur des quantités inconnues. Ce dernier point est susceptible d'un nombre déterminé de règles ; c'est par lui que nous allons commencer.

Comme les questions qu'on peut avoir à résoudre peuvent conduire à des équations plus ou moins composées, on a partagé celles-ci en plusieurs classes ou degrés que l'on distingue par l'exposant de la quantité ou des quantités inconnues qui s'y trouvent : nous ferons connaître ces équations à mesure que nous avancerons : celles dont nous allons nous occuper d'abord sont les *équations du premier degré*. On nomme ainsi les équations dans lesquelles les inconnues ne sont multipliées ni par elles-mêmes ni entre elles.

DES ÉQUATIONS DU PREMIER DEGRÉ, A UNE SEULE INCONNUE.

54. Résoudre une équation, c'est la réduire à une autre, dans laquelle l'inconnue, ou la lettre qui la représente, se trouve seule dans un membre, et où il n'y ait plus que des quantités connues dans l'autre membre.

Par exemple, si l'on proposait cette question : *Trouver un nombre dont le quadruple ajouté à 3, donne autant que son triple ajouté à 12.* En représentant ce nombre par x, son quadruple serait $4x$, lequel ajouté à 3 fait $4x + 3$; d'un autre côté le triple de ce même nombre x est $3x$, lequel ajouté à 12 fait $3x + 12$; puis donc que $4x + 3$ doit donner autant que $3x + 12$ il faut que le nombre x soit tel que l'on ait $4x + 3 = 3x + 12$; c'est là l'équation qu'il s'agit de résoudre, pour trouver le nombre demandé.

Or, il est évident que puisque les deux quantités séparées par le signe $=$ sont égales, elles le seront encore si l'on retranche de chacune $3x$, ce qui réduit l'équation à $x + 3 = 12$; enfin ces deux-ci seront encore égales si de chacune on retranche le même nombre 3, ce qui donne $x = 9$ et résout la question; car il est évident que x est connu, puisqu'il est égal à une quantité connue 9.

L'objet que nous nous proposons ici, est de donner des règles pour ramener l'équation, dans tous les cas, à avoir ainsi l'inconnue seule dans un membre, et n'avoir que des quantités connues dans l'autre membre. Pour une question aussi simple que celle que nous venons de prendre pour exemple, l'usage des équations serait sans doute superflu; mais toutes les questions ne sont pas de cette facilité; et il ne s'agit encore que de faire entendre comment la question est résolue, lorsque l'inconnue est seule dans un membre, et qu'il n'y a plus que des quantités connues dans l'autre.

Les règles pour résoudre les équations dont il s'agit ici, c'est-à-dire pour les réduire à avoir l'inconnue seule dans un membre, se réduisent à trois, qui sont relatives aux trois différentes manières dont l'inconnue peut se trouver mêlée ou engagée avec des quantités connues.

Dorénavant nous représenterons les quantités inconnues par quelques-unes des dernières lettres x, y, z de l'alphabet, pour les distinguer des quantités connues que nous représenterons, ou par des nombres, ou par les premières lettres de l'alphabet.

55. L'inconnue peut se trouver mêlée avec des quantités connues, en trois manières :

1° Par addition ou soustraction, comme dans l'équation

$$x + 3 = 5 - x;$$

2° Par addition, soustraction et multiplication, comme dans l'équation

$$4x - 6 = 2x + 16;$$

3° Enfin par addition, soustraction, multiplication et division, comme dans l'équation

$$\tfrac{9}{5}x - 4 = \tfrac{2}{3}x + 17;$$

ou par ces deux dernières opérations seulement, ou par la dernière seulement.

Voici les règles qu'il faut suivre pour dégager l'inconnue dans ces différents cas.

56. *Pour faire passer un terme quelconque d'une équation, d'un membre de cette équation dans l'autre, il faut effacer ce terme, et l'écrire dans l'autre membre avec un signe contraire à celui qu'il a dans le membre où il est.* Sur quoi il faut se rappeler qu'un terme qui n'a pas de signe est censé avoir le signe $+$.

Par exemple dans l'équation

$$4x + 3 = 3x + 12,$$

si je veux faire passer le terme $+3$ dans le second membre, j'écris

$$4x = 3x + 12 - 3,$$

où l'on voit que le terme 3 n'est plus dans le premier membre; mais il est dans le second avec le signe $-$, contraire au signe $+$ qu'il avait dans le premier.

Cette équation réduite revient à

$$4x = 3x + 9;$$

si l'on veut maintenant faire passer le terme $3x$ dans le premier membre, on écrira

$$4x - 3x = 9,$$

qui en réduisant devient $x = 9$.

Pareillement, si dans l'équation

$$5x - 7 = 21 - 4x$$

je veux faire passer le terme -7 dans le second membre, j'écrirai

$$5x = 21 - 4x + 7,$$

qui se réduit à $\qquad 5x = 28 - 4x\,;$

si je veux ensuite faire passer $4x$, j'écrirai

$$5x + 4x = 28,$$

ou en réduisant $\qquad 9x = 28.$

Nous verrons, dans quelques moments, comment s'achève la résolution de cette équation.

La raison de cette règle est bien facile à saisir. Puisque les quantités qui composent le premier membre sont, ensemble, égales à la totalité de celles qui composent le second, il est évident qu'on ne trouble point cette égalité, si ayant ajouté ou ôté à l'un des membres un terme quelconque, on ajoute ou l'on ôte à l'autre ce même terme; or, lorsqu'on efface un terme qui a le signe $+$, c'est diminuer le membre où il se trouve; il faut donc diminuer l'autre de pareille quantité, c'est-à-dire y écrire ce terme avec le signe $-$. Au contraire, lorsqu'on efface un terme qui a le signe $-$, il est évident qu'on augmente le membre où il se trouve; il faut donc augmenter l'autre de pareille quantité, c'est-à-dire y écrire ce terme avec le signe $+$.

57. On voit donc que par cette règle on peut faire passer à la fois dans un même membre tous les termes affectés de l'inconnue, et toutes les quantités connues dans l'autre. On choisira d'abord dans quel membre on veut avoir les termes affectés de l'inconnue; cela est indifférent : je suppose que ce soit dans le premier. On écrira de nouveau l'équation, en observant de conserver aux termes affectés de l'inconnue, et qui étaient dans le premier membre, les signes qu'ils avaient; on écrira, à la suite de ceux-là, les termes affectés de l'inconnue, qui se trouvent dans l'autre membre, mais en observant de changer leur signe. A la suite de tous ces termes on écrira le signe $=$, et l'on formera le second membre en écrivant les quantités connues qui composaient d'abord le second membre, en les écrivant, dis-je, avec les mêmes signes qu'elles avaient, et ensuite les quantités connues qui étaient dans le premier membre, mais en leur donnant des signes contraires à ceux qu'elles avaient. C'est ainsi que l'équation

$$7x - 8 = 14 - 4x$$

devient
$$7x + 4x = 14 + 8,$$

ou
$$11x = 22.$$

Pareillement, l'équation

$$ax + bc - cx = ac - bx,$$

devient
$$ax - cx + bx = ac - bc.$$

58. Il peut arriver, par cette transposition, que ce qui reste des x, après la réduction, se trouve avoir le signe —; par exemple, si l'on avait

$$3x - 8 = 4x - 12,$$

en passant tous les x dans le premier membre, on aurait

$$3x - 4x = - 12 + 8,$$

qui se réduit à
$$- x = - 4;$$

alors il n'y a qu'à changer les signes de l'un et de l'autre membre, ce qui, dans le cas présent, donne

$$+ x = + 4,$$

ou
$$x = 4.$$

En effet, on était également maître de transposer les x dans le second membre, ce qui aurait donné

$$- 8 + 12 = 4x - 3x,$$

qui se réduit à $4 = x$, qui est la même chose que $x = 4$.

59. On peut souvent abréger la réduction de l'équation lorsqu'elle est numérique, ou lorsque étant littérale elle renferme des quantités semblables. Si ces quantités ont le même signe dans différents membres, on efface l'une et on diminue l'autre de pareille quantité ; au contraire on les ajoute lorsqu'elles ont différents signes. Par exemple, dans l'équation

$$6b - 4a + 2x = 5a + 3x,$$

j'efface $2x$ dans le premier membre, et j'écris seulement x dans le second ; j'efface $5a$ dans le second, et j'augmente $4a$ de $5a$, ce qui me donne tout de suite

$$6b - 9a = x.$$

On voit donc que s'il se trouvait de part et d'autre des termes parfaitement égaux et de même signe, on pourrait les supprimer tout de suite; c'est ainsi que l'équation

$$5a + 2b = 5a + x,$$

se réduit tout de suite à $2b = x.$

60. Lorsqu'on a passé dans un membre tous les termes affectés de l'inconnue, et toutes les quantités connues dans l'autre membre, s'il n'y a point de fractions dans l'équation, il ne s'agit plus que d'exécuter la règle suivante pour avoir la valeur de l'inconnue : *Écrivez l'inconnue seule dans un membre, et donnez pour diviseur au second membre la quantité qui multipliait l'inconnue dans le premier.*

Par exemple, dans l'équation

$$7x - 8 = 14 - 4x$$

que nous avons traitée ci-dessus, nous avons eu, par la transposition et la réduction,

$$11x = 22 ;$$

pour avoir x, je n'ai autre chose à faire qu'à écrire

$$x = \tfrac{22}{11},$$

qui se réduit à $x = 2 ;$

c'est-à-dire, écrire x seul dans le premier membre, et faire servir son multiplicateur 11 de diviseur au second membre 22. En effet, lorsqu'au lieu de $11x$, j'écris seulement x, je n'écris que la onzième partie du premier membre, il faut donc, pour conserver l'égalité, n'écrire que la onzième partie du second membre, c'est-à-dire diviser le second membre par 11.

Pareillement, si l'on proposait l'équation

$$12x - 15 = 4x + 25 ;$$

après avoir passé (**56**) tous les x d'un côté, et les quantités connues de l'autre, on aura

$$12x - 4x = 25 + 15,$$

ou, en réduisant, $8x = 40 ;$

maintenant pour avoir x, j'écris

$$x = \tfrac{40}{8},$$

qui se réduit à $x = 5.$

Car, lorsqu'au lieu de $8x$ j'écris x seulement, je n'écris que la huitième partie du premier membre; je dois donc, pour maintenir l'égalité, n'écrire que la huitième partie du second membre, c'est-à-dire n'écrire que $\frac{40}{8}$.

Si les quantités connues qui multiplient x, au lieu d'être des nombres, étaient représentées par des lettres, la règle ne serait pas différente pour cela : ainsi, dans l'équation $ax = bc$, il n'y a autre chose à faire, pour avoir x, que d'écrire $x = \dfrac{bc}{a}$.

Si, après la transposition faite, il y a plusieurs termes affectés de l'inconnue, la règle est encore la même. Ainsi, dans l'équation

$$ax + bc - cx = ac - bx,$$

que nous avons eue ci-dessus, on a, après la transposition,

$$ax - cx + bx = ac - bc;$$

pour avoir x, il ne s'agit plus que d'écrire

$$x = \frac{ac - bc}{a - c + b};$$

c'est-à-dire écrire x seul dans un membre, et donner pour diviseur au second la quantité qui multipliait x dans le premier, laquelle est ici $a - c + b$, puisque la quantité $ax - cx + bx$ est x multiplié par la totalité des trois quantités $a - c + b$.

61. On voit donc que lorsque après la transposition il y a plusieurs termes affectés de x, on doit, pour avoir la valeur de x, diviser le second membre par la totalité des quantités qui affectent x dans le premier, en prenant ces quantités avec leurs signes tels qu'ils sont. Par exemple, dans l'équation

$$ax = bc - 2x,$$

on a, par la transposition,

$$ax + 2x = bc;$$

et en appliquant la règle actuelle ou la division, on aura

$$x = \frac{bc}{a + 2}.$$

De même, l'équation

$$x - ab = bc - ax$$

donne, par la transposition,

$$x + ax = bc + ab,$$

et par conséquent

$$x = \frac{bc + ab}{1 + a};$$

car il ne faut pas oublier ici (5) que le multiplicateur de x dans le premier terme de $x + ax$ est 1, en sorte que dans $x + ax$, x est multiplié par $1 + a$; en effet, dans $x + ax$, x se trouve une fois de plus que dans ax.

62. S'il se trouvait quelque quantité qui fût facteur commun de tous les termes de l'équation, on pourrait simplifier en divisant tous les termes par ce facteur commun. Par exemple, dans l'équation

$$15bb = 27ab + 6bx,$$

je diviserais par $3b$, qui est facteur commun de tous les termes, et j'aurais

$$5b = 9a + 2x,$$

qui, par la transposition, devient

$$5b - 9a = 2x,$$

et enfin par la division, donne

$$\frac{5b - 9a}{2} = x \quad \text{ou} \quad x = \frac{5b - 9a}{2}.$$

63. Les règles que nous venons de donner ont toujours lieu, lors même que les différents termes de l'équation ont des dénominateurs, pourvu que ces dénominateurs ne contiennent pas l'inconnue; mais comme l'application de ces règles est plus facile pour les commençants lorsqu'il n'y a pas de fractions dans l'équation, nous allons ajouter ici une règle pour faire disparaître les dénominateurs.

64. Pour changer une équation dans laquelle il y a des dénominateurs, en une autre dans laquelle il n'y en ait plus, *il faut multiplier chaque terme qui n'a pas de dénominateur par le produit de tous les dénominateurs, et multiplier le numérateur de chaque fraction par le produit des dénominateurs des autres fractions seulement.*

Par exemple, si j'avais l'équation

$$\frac{2x}{3} + 4 = \frac{4x}{5} + 12 - \frac{5x}{7},$$

je multiplierais le numérateur $2x$ de la fraction $\frac{2x}{3}$ par 35, produit des deux dénominateurs 5 et 7, ce qui me donnerait $70x$. Je multiplierais le terme 4, qui n'a point de dénominateur, par 105, produit des trois dénominateurs 3, 5, 7, ce qui me donnerait 420. Je multiplierais le numérateur $4x$ de la fraction $\frac{4x}{5}$ par 21, produit des deux dénominateurs 3 et 7, et j'aurais $84x$. Je multiplierais 12, qui n'a pas de dénominateur, par le produit 105 des trois dénominateurs, et j'aurais 1260. Enfin je multiplierais le numérateur $5x$ de la fraction $\frac{5x}{7}$ par 15, produit des deux autres dénominateurs, ce qui me donne $75x$; en sorte que l'équation proposée est changée en celle-ci

$$70x + 420 = 84x + 1260 - 75x,$$

dans laquelle, pour avoir x, il ne s'agit plus que d'appliquer les deux règles précédentes. Par la première (**56**) on changera cette équation en

$$70x - 84x + 75x = 1260 - 420,$$

ou, en réduisant, $\qquad 61x = 840;$

et par la seconde (**60**) $\qquad x = \frac{840}{61},$

qui, en faisant la division, se réduit à

$$x = 13\frac{47}{61}.$$

La raison de cette règle est facile à apercevoir, si l'on se rappelle ce qui a été dit (*Arithm.*, **91**) pour réduire plusieurs fractions au même dénominateur. En effet, si dans l'équation proposée

$$\frac{2x}{3} + 4 = \frac{4x}{5} + 12 - \frac{5x}{7},$$

on voulait réduire au même dénominateur les trois fractions $\frac{2x}{3}, \frac{4x}{5}, \frac{5x}{7}$, il faudrait multiplier leurs numérateurs par les mêmes nombres par lesquels notre règle actuelle prescrit

de les multiplier, et donner à ces nouveaux numérateurs, pour
dénominateur commun, le produit de tous les dénominateurs;
en sorte que l'équation proposée serait changée en cette autre

$$\frac{70x}{105} + 4 = \frac{84x}{105} + 12 - \frac{75x}{105},$$

qui est la même dans le fond, puisque (*Arithm.*, **88**) les nouvelles fractions sont les mêmes que les premières. Maintenant,
si nous voulons aussi réduire les entiers en fraction, il
faut (*Arithm.*, **86**) multiplier ces entiers par le dénominateur
de la fraction qui les accompagne, c'est-à-dire ici par 105, qui
a été formé du produit de tous les dénominateurs qui se trouvent dans l'équation; alors on aura

$$\frac{70x+420}{105} = \frac{84x+1260-75x}{105};$$

mais il est évident qu'on peut, sans troubler l'égalité, supprimer de part et d'autre le dénominateur commun, puisque, si
ces deux quantités sont égales étant divisées par un même
nombre, elles doivent l'être aussi sans cette division; on a
donc alors

$$70x + 420 = 84x + 1260 - 75x,$$

comme ci-dessus.

65. Si les différents termes qui composent l'équation sont
tous des quantités littérales, la règle ne sera pas pour cela différente. Il faut seulement observer les règles de la multiplication des quantités littérales : ainsi, dans l'équation

$$\frac{ax}{b} + b = \frac{cx}{d} + \frac{ab}{c},$$

je multiplie le numérateur ax par le produit cd des autres dénominateurs, ce qui donne $acdx$. Je multiplie le terme $+ b$,
par le produit bcd de tous les dénominateurs, et j'ai $+ b^2cd$. Je
multiplie cx par bc, et j'ai bc^2x; enfin je multiplie ab par bd,
et j'ai ab^2d; en sorte que l'équation devient

$$acdx + b^2cd = bc^2x + ab^2d,$$

laquelle, par transposition, donne

$$acdx - bc^2x = ab^2d - b^2cd,$$

et (**61**) par division $$x = \frac{ab^2d - b^2cd}{acd - bc^2}.$$

66. Lorsque les dénominateurs sont complexes, on peut, pour soulager l'esprit, commencer par indiquer seulement les opérations pour les exécuter ensuite, ce qui est plus facile en les voyant ainsi indiquées. Par exemple, si j'avais

$$\frac{ax}{a-b} + 4b = \frac{cx}{3a+b},$$

j'écrirais

$$ax \times (3a+b) + 4b \times (a-b) \times (3a+b) = cx \times (a-b);$$

alors, faisant les opérations indiquées, j'aurais

$$3a^2x + abx + 12a^2b - 8ab^2 - 4b^3 = acx - bcx;$$

transposant,

$$3a^2x + abx - acx + bcx = 4b^3 + 8ab^2 - 12a^2b;$$

et enfin (**61**), en divisant

$$x = \frac{4b^3 + 8ab^2 - 12a^2b}{3a^2 + ab - ac + bc}.$$

**APPLICATION DES PRINCIPES PRÉCÉDENTS A LA RÉSOLUTION
DE QUELQUES QUESTIONS SIMPLES.**

67. Quoique nous nous soyons proposé de ne traiter avec quelque détail, des usages de l'algèbre, que dans l'*Application à la Géométrie*, nous croyons néanmoins à propos de préparer à ces usages, en appliquant dès à présent les principes précédents à quelques questions assez faciles. Cela nous donnera lieu, d'ailleurs, de faire quelques remarques utiles pour la suite.

Les règles que nous venons de donner sont suffisantes pour résoudre toute question du premier degré, lorsqu'une fois elle est exprimée par une équation. Pour mettre une question en équation, on peut faire usage de la règle suivante : *Représentez la quantité ou les quantités cherchées, chacune par une lettre; et ayant examiné avec attention l'état de la question, faites à l'aide des signes algébriques, sur ces quantités et sur les quantités connues, les mêmes opérations et les mêmes raisonnements que vous feriez si, connaissant les valeurs des inconnues, vous vouliez les vérifier.*

Cette règle est générale, et conduira toujours à trouver les équations que la question peut fournir. Mais il est bon d'en diriger l'application par quelques exemples.

QUESTION I. *Un père et un fils ont cent ans à eux deux : le père a 40 ans plus que le fils : on demande quel est l'âge de chacun.*

Avec une attention médiocre on voit que la question se réduit à celle-ci : Trouver deux quantités qui réunies fassent 100, et dont l'une surpasse l'autre de 40. Or il est facile de voir que dès que l'une de ces quantités sera connue, la seconde le sera aussi, puisque, si la plus grande par exemple était connue, il ne s'agirait que d'en ôter 40 pour avoir la plus petite.

Je représente donc la plus grande par x.

Maintenant, si connaissant la valeur de x je voulais la vérifier, j'en retrancherais 40 pour avoir le plus petit nombre ; je réunirais ensuite le plus grand et le plus petit pour voir s'ils composent 100. Imitons donc ce procédé :

Le plus grand nombre est	x
Le plus petit sera donc	$x - 40$
Ces deux nombres réunis font	$2x - 40$

Or, par les conditions de la question, ils doivent faire $\qquad$ 100

Donc $\qquad 2x - 40 = 100$

Il ne s'agit plus, pour avoir x, que d'appliquer les règles données (**56**) et (**60**). La première donne

$$2x = 100 + 40$$

ou $$2x = 140,$$

et la seconde $$x = \tfrac{140}{2} = 70 ;$$

ayant trouvé le plus grand nombre x, j'en retranche 40 pour avoir le plus petit, et j'ai 30 pour celui-ci. Ainsi les deux âges demandés sont 70 et 30.

En réfléchissant sur la manière dont nous nous sommes conduits pour résoudre cette question, on peut voir que les raisonnements que nous avons employés ne sont point dépendants des valeurs particulières des nombres 100 et 40 qui entrent dans cette question ; et que si, au lieu de ces nombres, on en eût proposé d'autres, il eût fallu se conduire de même. Ainsi, si l'on proposait la question de cette manière générale :
Deux nombres réunis font une somme connue et représentée par a

*ces deux nombres diffèrent entre eux d'un nombre connu repré-
senté par* b; *comment trouverais-je ces deux nombres?*

Ayant représenté le plus grand par $\qquad x$

Le plus petit sera donc $\qquad x - b$

Ces deux nombres réunis sont $\qquad 2x - b$

Or, selon la question, ils doivent composer le nombre a; il faut donc que $\qquad 2x - b = a.$

Transposant, on a $\qquad 2x = a + b,$

et divisant, $\qquad x = \dfrac{a + b}{2}$

ou $\qquad x = \dfrac{a}{2} + \dfrac{b}{2}.$

C'est-à-dire que, pour avoir le plus grand, il faut prendre la moitié de a et y ajouter la moitié de b; ce qui m'apprend que, lorsque je connaîtrai la somme a de deux nombres inconnus et leur différence b, j'aurai le plus grand de ces deux nombres inconnus en prenant la moitié de la somme et y ajoutant la moitié de la différence.

Puisque le plus petit des deux nombres est $x - b$, il sera donc $\dfrac{a}{2} + \dfrac{b}{2} - b$, ou, en réduisant tout à une seule fraction (**45**), il sera $\dfrac{a + b - 2b}{2}$, c'est-à-dire $\dfrac{a - b}{2}$ ou $\dfrac{a}{2} - \dfrac{b}{2}$; donc pour avoir le plus petit, il faut ôter la moitié de b de la moitié de a; c'est-à-dire retrancher la moitié de la différence de la moitié de la somme.

On voit par là comment en représentant d'une manière générale, c'est-à-dire par des lettres, les quantités connues qui entrent dans ces questions, on parvient à trouver des règles générales pour la résolution de toutes les questions de même espèce. Cette règle que nous venons de trouver est celle que nous avons donnée (*Géom.*, **301**).

Souvent des questions paraissent différentes au premier coup d'œil, et cependant après un léger examen, on trouve qu'elles ne diffèrent que par l'énoncé. Par exemple, si l'on proposait cette question :

Partager un nombre connu et représenté par a, *en deux parties, dont l'une soit moindre ou plus grande que l'autre, d'une quantité connue et représentée par* b. Il est facile de voir que cette question revient au même que la précédente.

Question II. *Partager le nombre 720 en trois parties, dont la plus grande surpasse la plus petite de 80, et dont la moyenne surpasse la plus petite de 40.*

Si l'on me disait quelle est la plus petite partie, pour la vérifier j'y ajouterais 40 d'une part, ce qui me donnerait la seconde, et 80 d'une autre part, ce qui donnerait la plus grande; alors réunissant ces trois parties, il faudrait que leur somme formât 720.

Nommons donc cette plus petite partie x; et, en procédant de la même manière, nous dirons :

La plus petite partie est	x
Donc la moyenne est	$x + 40$
Et la plus grande	$x + 80$
Or, ces 3 parties réunies font	$3x + 120$
D'ailleurs la question exige qu'elles fassent	720
Il faut donc que	$3x + 120 = 720.$

Appliquant les règles ci-dessus, on aura

$$3x = 720 - 120 \quad \text{ou} \quad 3x = 600,$$

et par conséquent $\qquad x = 200;$

donc la seconde partie est 240, et la plus grande 280; ces trois parties réunies font en effet 720.

Il est encore évident, dans cet exemple, que quand les nombres proposés, au lieu d'être 720, 40 et 80, eussent été différents, la question aurait toujours pu se résoudre de la même manière; ainsi, pour résoudre toutes les questions dans lesquelles il s'agit de partager un nombre connu a en trois parties, telles que l'excès de la plus grande sur la plus petite soit un nombre connu et représenté par b, et que l'excès de la moyenne sur la plus petite soit c; en raisonnant de même, on dira :

Représentons la plus petite par	x
La moyenne sera	$x + c$
Et la plus grande	$x + b$
Ces trois parties réunies font	$3x + b + c$
Or, elles doivent faire	a
Il faut donc que	$3x + b + c = a$

Donc transposant, $3x = a - b - c$,

et divisant, $\qquad x = \dfrac{a - b - c}{3}.$

C'est-à-dire que pour avoir la plus petite, il faut retrancher du nombre qu'il s'agit de partager les deux excès, et prendre le tiers du reste; alors les deux autres sont faciles à trouver. Ainsi, si l'on demande de partager 642 en trois parties dont la moyenne surpasse la plus petite de 75, et dont la plus grande surpasse la plus petite de 87; j'ajouterais les deux différences 75 et 87, ce qui me donnerait 162; retranchant 162 de 642, il reste 480, dont le tiers 160 est la plus petite part. Les deux autres sont donc $160 + 75$ ou 235, et $160 + 87$ ou 247.

Au reste, les deux questions que nous venons de donner pour exemples, n'ont pas besoin du secours de l'algèbre; mais leur simplicité est propre à faire voir clairement la manière dont on doit faire usage du principe que nous avons donné pour mettre une question en équation.

Question III. *Partager un nombre connu, par exemple 14250, en trois parties qui soient entre elles comme les nombres 3, 5 et 11; c'est-à-dire dont la première soit à la seconde :: 3 : 5, et dont la première soit à la troisième :: 3 : 11.*

Si je connaissais l'une des parties, la première par exemple, voici comment je la vérifierais.

Je chercherais par une règle de trois (*Arithm.*, **194**) un nombre qui fût à cette première partie :: 5 : 3; ce serait la deuxième partie. Je chercherais, de même, un autre nombre qui fût à cette première partie :: 11 : 3; ce serait la troisième partie; réunissant ces trois parties, elles devraient former 14250. Imitons donc ce procédé.

Soit la première partie x

Pour trouver la seconde, je calcule le quatrième terme de cette proportion $3 : 5 :: x :$

Ce quatrième terme, ou la seconde partie, sera donc $\dfrac{5x}{3}$.

Pour trouver la troisième, je calcule le quatrième terme de cette proportion $3 : 11 :: x :$

Ce quatrième terme, ou la troisième partie, sera donc $\dfrac{11x}{3}$.

Ces trois parts réunies font $x + \dfrac{5x}{3} + \dfrac{11x}{3}$,   ou $x + \dfrac{16x}{3}$;

Mais la question exige qu'elles fassent 14250; il faut donc que

$$x + \frac{16x}{3} = 14250.$$

Pour avoir la valeur de x, je fais (**64**) disparaître le dénominateur 3, et j'ai

$$3x + 16x = 42750,$$

ou
$$19x = 42750;$$

donc (**60**) en divisant par 19,

$$x = \frac{42750}{19} = 2250.$$

La seconde part, qui est $\frac{5x}{3}$, sera donc $\frac{5 \times 2250}{3}$, ou $\frac{11250}{3}$, ou 3750 ; et la troisième qui est $\frac{11x}{3}$, sera $\frac{11 \times 2250}{3}$, ou $\frac{24750}{3}$, ou 8250 ; ces trois parts réunies forment en effet 14250 ; d'ailleurs les trois nombres 2250, 3750, 8250, sont entre eux comme les trois nombres 3, 5 et 11, ce qu'il est facile de voir en divisant les trois premiers par le même nombre 750, ce qui (*Arithm.*, **170**) ne change point leur rapport.

Si le nombre qu'on propose de partager, au lieu d'être 14250, était tout autre ; s'il était en général représenté par a, et que les nombres proportionnels aux parties en lesquelles on veut le partager, au lieu d'être 3, 5, 11, fussent en général trois nombres connus et représentés par les lettres m, n, p, il est visible qu'il ne faudrait qu'imiter ce que nous venons de faire.

Ainsi, la première part étant représentée par x

Pour avoir la seconde, je calculerais le quatrième terme de cette proportion $m : n :: x :$

Ce quatrième terme, ou la seconde part, serait donc $\frac{nx}{m}$.

Et pour avoir la troisième, je calculerais le quatrième terme de cette proportion $m : p :: x :$

Ce quatrième terme, ou la troisième part, serait donc $\frac{px}{m}$.

Les trois parts réunies feraient donc

$$x + \frac{nx}{m} + \frac{px}{m}, \quad \text{ou} \quad x + \frac{nx + px}{m};$$

or elles doivent faire a ; il faut donc que

$$x + \frac{nx + px}{m} = a.$$

Chassant le dénominateur, on a

$$mx + nx + px = ma,$$

et par conséquent (**61**) en divisant,

$$x = \frac{ma}{m+n+p};$$

ce qui nous donne lieu de faire remarquer l'utilité de l'algèbre, pour découvrir des règles de calcul.

Si l'on voulait calculer le quatrième terme d'une proportion dont les trois premiers seraient $m + n + p : m :: a :$, il est visible (*Arithm.*, **179**) que ce quatrième terme serait $\dfrac{am}{m+n+p}$; et puisque nous trouvons que x est exprimé par la même quantité, concluons-en que, pour avoir x, il faut calculer le quatrième terme d'une proportion dont le premier est la somme des parties proportionnelles; le second, la première de ces parties, et le troisième est le nombre même qu'il s'agit de partager; ce qui est précisément la règle que nous avons donnée (*Arithm.*, **197**).

QUESTION IV. *On a fait partir de Dreux, pour Brest, un courrier qui fait 2 lieues par heure. Huit heures après son départ, on en a fait partir un autre de Paris pour Brest, et celui-ci fait 3 lieues par heure. On demande où il rencontrera le premier, sachant d'ailleurs qu'il y a 17 lieues de Paris à Dreux.*

Si l'on me disait combien le second courrier doit faire de lieues pour attraper le premier, je vérifierais ce nombre en cette manière. Je chercherais combien le premier a dû faire de chemin pendant que le second a été en marche; et comme ils en doivent faire, en même temps, à proportion de leur vitesse, c'est-à-dire à proportion du nombre de lieues qu'ils font par heure, je trouverais combien le premier a dû faire, en calculant le quatrième terme de cette proportion 3 : 2 :: le nombre de lieues faites par le second est au nombre de lieues que le premier aura faites dans le même temps. Ayant trouvé ce quatrième terme, j'y ajouterais le nombre de lieues que le premier courrier a dû faire pendant les 8 heures qu'il avait d'avance, et enfin les 17 lieues de Paris à Dreux, qu'il avait aussi d'avance ; et le tout devrait former le nombre de lieues que le second a faites. Conduisons-nous donc de la même manière en représentant par x le nombre de lieues que fera le second courrier.

Pour trouver le nombre de lieues que le premier fait pendant que le second fait x, je calcule le quatrième terme de cette proportion $3 : 2 :: x : $; ce quatrième terme est $\dfrac{2x}{3}$; or pendant 8 heures, ce même premier courrier a dû faire 16 lieues, à raison de 2 lieues par heure ; et puisqu'il y a 17 lieues de Paris à Dreux, si l'on réunit ces trois quantités, on aura $\dfrac{2x}{3} + 16 + 17$, ou $\dfrac{2x}{3} + 33$ pour le chemin qu'aura dû faire le second courrier, lorsqu'il attrapera le premier. Puis donc qu'on a supposé qu'alors il aurait fait x de lieues, il faut que

$$\frac{2x}{3} + 33 = x.$$

Il ne s'agit plus que d'avoir x par le moyen des règles données ci-dessus. Je chasse donc le dénominateur 3, et j'ai (64) l'équation

$$2x + 99 = 3x\,;$$

transposant tous les x dans le second membre et réduisant, j'ai

$$99 = x\,;$$

c'est-à-dire que les deux courriers se rencontreront lorsque le second courrier aura fait 99 lieues, ou qu'ils se rencontreront à 99 lieues de Paris.

En effet, pendant que le second fera 99 lieues, le premier fera 66 lieues, puisqu'il fait 2 lieues pendant que le second en fait 3 ; or il a 16 lieues d'avance, par les 8 heures dont son départ précède celui du second, et il a de plus 17 lieues d'avance comme partant de Dreux ; il sera donc alors à 99 lieues de Paris, c'est-à-dire au même endroit que le second.

68. Avec un peu d'attention, on voit que quand on changerait les nombres qui entrent dans cette question, la manière de raisonner et d'opérer n'en serait pas pour cela différente. Représentons donc en général par a l'intervalle des deux lieux de départ, qui était 17 lieues dans la question précédente : représentons par b le nombre d'heures dont le départ du premier courrier précède celui du second ; par c le nombre de lieues que le premier fait par heure, et par d le nombre de lieues que fait le second par heure.

Si nous représentons toujours par x le nombre de lieues que le second courrier doit faire pour rencontrer le premier, x sera encore composé de l'intervalle des deux lieux de départ, du chemin que le premier peut faire pendant le nombre b d'heures, et enfin du chemin que le premier fera pendant tout le temps que le second sera en marche.

Pour déterminer ce dernier chemin, j'observe que les deux courriers marchant alors pendant le même temps, doivent faire du chemin à proportion de leurs vitesses ; ainsi x étant le chemin que le second est supposé faire, j'aurai celui que fait le premier pendant ce temps, en calculant le quatrième terme d'une proportion qui commencerait par ces trois-ci $d : c :: x : $; ce quatrième terme sera donc $\dfrac{c \times x}{d}$ (*Arithmétique*, **179**), ou simplement $\dfrac{cx}{d}$. Or, puisque ce premier courrier est supposé faire le nombre c de lieues par heure, il a dû, dans le nombre b d'heures, en faire b de fois autant, c'est-à-dire 8 fois si b vaut 8, 30 fois si b vaut 30 ; en général, il en doit faire autant qu'il y a d'unités dans $c \times b$ ou bc ; il en a donc fait une quantité exprimée par bc.

Réunissons donc maintenant le nombre de lieues $\dfrac{cx}{d}$ avec le nombre de lieues bc, et avec le nombre de lieues a, et le tout $\dfrac{cx}{d} + bc + a$ sera ce que le premier a dû faire ; or on a supposé que x était ce qu'il a dû faire ; donc

$$x = \frac{cx}{d} + bc + a.$$

Chassant le dénominateur, on a

$$dx = cx + bcd + ad ;$$

transposant,
$$dx - cx = bcd + ad ;$$

divisant enfin (**61**) on a

$$x = \frac{bcd + ad}{d - c},$$

qui donne la solution de toutes les questions de cette espèce, au moins tant qu'on suppose que les deux courriers vont du même côté, et que le départ du courrier qui va le moins vite précède celui du second.

Pour montrer l'usage de cette formule, reprenons l'exemple précédent, et rappelons-nous que, dans ce cas, a représente 17 lieues; c'est-à-dire $a = 17^l$, $b = 8^h$, $c = 2^l$, $d = 3^l$. Alors la valeur générale de x devient

$$x = \frac{17 \times 3 + 8 \times 2 \times 3}{3 - 2},$$

c'est-à-dire $\qquad x = \frac{51 + 48}{1} = 99,$

comme ci-dessus.

Tel est donc l'usage de ces solutions générales, qu'en y substituant à la place des lettres les nombres qu'elles sont destinées à représenter, et faisant les opérations que la disposition et les signes de ces lettres indiquent, on trouve la résolution de toutes les questions particulières de même espèce.

Par exemple, si l'on proposait cette autre question : *L'aiguille des heures d'une montre répond à 17 minutes, et celle des minutes répond à 24 minutes, c'est-à-dire qu'il est $3^h 24'$: on demande à quel nombre d'heures et de minutes ces deux aiguilles seront l'une sur l'autre.*

Puisque l'aiguille des heures et celle des minutes marchent en même temps, la quantité b par laquelle nous avons représenté ce dont le départ d'un des courriers précède celui du second est ici zéro. L'intervalle des deux lieux de départ est ici le chemin que l'aiguille des minutes a à faire pour venir de la vingt-quatrième division du cadran à la dix-septième, c'est-à-dire que $a = 53$ divisions : or, pendant que l'aiguille des minutes parcourt les 60 divisions, celle des heures n'en parcourt que 5; on a donc $c = 5$, $d = 60$. Puisque $b = 0$, je rejette de la formule $x = \frac{ad + bcd}{d - c}$, le terme bcd, ou $b \times cd$, parce que zéro multiplié par tout ce qu'on voudra fait toujours zéro. J'aurai donc, pour le cas présent, $x = \frac{ad}{d - c}$; et en substituant pour a, d, c, leurs valeurs, $x = \frac{53 \times 60}{60 - 5} = \frac{3180}{55} = 57\frac{45}{55} = 57\frac{9}{11}$, c'est-à-dire qu'il faudra que l'aiguille des minutes parcoure encore 57 divisions et $\frac{9}{11}$; ainsi, puisqu'elle répondait à la vingt-quatrième division, elle répondra à 81 divisions et $\frac{9}{11}$; ou, puisque 60 divisions font un tour, les deux aiguilles seront l'une sur l'autre à $21'\frac{9}{11}$ de l'heure suivante, c'est-à-dire $4^h 21' \frac{9}{11}$.

L'avantage des solutions littérales sur les solutions numériques ne consiste pas seulement en ce que, pour chaque question particulière, il ne s'agit plus que de substituer les nombres : souvent, par certaines préparations, on rend ces solutions susceptibles d'un énoncé simple et facile à retenir. Par exemple, la formule $x = \dfrac{ad + bcd}{d - c}$ que nous venons de trouver, est dans ce cas : la quantité d étant facteur commun des deux termes du numérateur, on peut écrire la valeur de x en cette manière $x = \dfrac{(a + bc) \times d}{d - c}$; or, sous cette forme, on peut reconnaître que la valeur de x est le quatrième terme d'une proportion dont les trois premiers seraient $d - c : d :: a + bc : $; mais, de ces trois termes, le premier, $d - c$, marque la différence des vitesses des deux courriers ; le second d, marque la vitesse du second courrier ; et le troisième $a + bc$, est composé de l'intervalle a des deux lieux de départ, et la quantité bc ou $c \times b$ qui exprime combien le premier courrier fait de lieues pendant le nombre d'heures qu'il a d'avance ; en sorte que $a + bc$ marque toute l'avance que le premier a sur le second ; la résolution de la question peut donc se réduire à cet énoncé : Multipliez le chemin que le premier fait par heure, par le nombre d'heures qu'il a d'avance, et l'ayant ajouté à l'intervalle des deux lieux de départ, faites cette règle de trois. La différence des vitesses des deux courriers est à la vitesse du second, comme la somme des deux nombres que vous venez d'ajouter est à un quatrième terme : ce sera le nombre de lieues que le second courrier doit faire pour rencontrer le premier. Ainsi, dans le premier exemple ci-dessus, le premier courrier ayant 8 heures d'avance, et faisant 2 lieues par heure, on a 16 lieues à ajouter à 17 lieues, intervalle des deux lieux de départ, ce qui donne 33. Je calcule donc le quatrième terme de cette proportion $3 - 2 : 3 :: 33 : $, ou $1 : 3 :: 33 : $; ce quatrième terme est 99, comme ci-dessus.

Au reste, qu'il y ait des fractions ou qu'il n'y en ait point, c'est toujours la même règle. Par exemple, si le premier courrier faisait 7 lieues en 4 heures ; le second, 13 lieues en 5 heures ; si le premier courrier avait 15 heures d'avance, et qu'enfin l'intervalle des deux lieux de départ fût de 42 lieues, je dirais : Puisque le premier courrier fait 7 lieues en 4 heures, c'est $\frac{7}{4}$ de lieue par heure ; pareillement, pour le second, c'est $\frac{13}{5}$ de lieue par heure; donc pendant les 15 heures que le premier a d'avance, il doit, à raison de $\frac{7}{4}$ de lieue par heure, faire 15 fois $\frac{7}{4}$ de lieue ou $\frac{105}{4}$ de lieue, lesquels ajoutés à 42 lieues, font $42 + \frac{105}{4}$ ou $\frac{273}{4}$; je calcule donc le quatrième terme de cette proportion $\frac{13}{5} - \frac{7}{4} : \frac{13}{5} :: \frac{273}{4} :$; ce quatrième terme sera $\dfrac{\frac{13}{5} \times \frac{273}{4}}{\frac{13}{5} - \frac{7}{4}}$, ou (*Arithm.*, **106**) $\dfrac{\frac{3549}{20}}{\frac{13}{5} - \frac{7}{4}}$, ou (en réduisant les deux fractions inférieures au même dénominateur), $\dfrac{\frac{3549}{20}}{\frac{52 - 35}{20}}$, ou $\dfrac{\frac{3549}{20}}{\frac{17}{20}}$, ou (*Arithm.*, **109**) $\frac{3549}{20} \times \frac{20}{17}$, ou enfin $\frac{3549}{17}$; car en omettant le facteur 20 qui doit multiplier le numérateur et le dénominateur, on ne change rien à la fraction. La valeur de $\frac{3549}{17}$ est 208 $\frac{13}{17}$. C'est le nombre de lieues que le second courrier serait obligé de faire.

RÉFLEXIONS SUR LES QUANTITÉS POSITIVES ET LES QUANTITÉS NÉGATIVES.

69. Lorsqu'on a ainsi résolu, d'une manière générale, toutes les questions d'une même espèce, on peut souvent faire usage de ces formules générales pour la résolution d'autres questions, dont les conditions seraient tout opposées à celles qu'on a eu en vue de remplir : un simple changement de $+$ en $-$, ou de $-$ en $+$, dans les signes des quantités, suffit souvent. Mais avant de faire connaître ce nouvel usage des signes, il faut les considérer sous un nouvel aspect.

Les lettres ne représentent que la valeur absolue des quantités. Les signes $+$ et $-$ n'ont représenté jusqu'ici que les opérations de l'addition et de la soustraction; mais ils peuvent aussi représenter, dans plusieurs cas, la manière d'être des quantités les unes à l'égard des autres.

Une même quantité peut être considérée sous deux points de vue opposés, ou comme capable d'augmenter une quantité, ou comme capable de la diminuer. Tant qu'on ne représentera cette quantité que par une lettre ou par un nombre, rien ne désignera quel est celui de ces deux aspects sous lequel on la considère. Par exemple, dans l'état d'un homme qui aurait autant de biens que de dettes, le même nombre peut servir à exprimer la quantité numérique des unes et des autres; mais ce nombre, tel qu'il soit, ne ferait point connaître la différence des unes aux autres. Le moyen le plus naturel de faire sentir cette différence, c'est de les désigner par un signe qui indique l'effet qu'elles peuvent avoir l'une sur l'autre; or, l'effet des dettes étant de retrancher sur les possessions, il est naturel de désigner celles-là en leur appliquant le signe —.

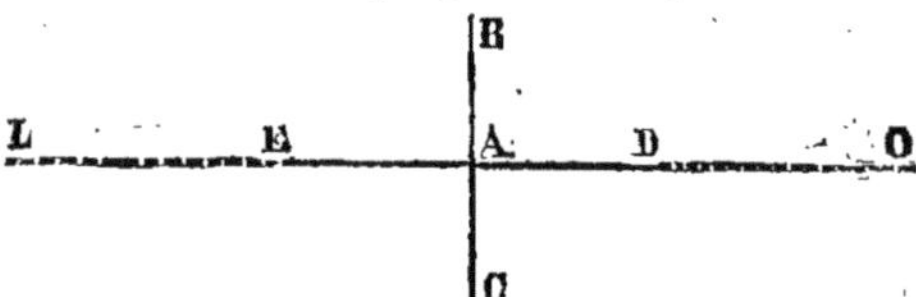

Pareillement, si l'on regarde une ligne droite comme engendrée par le mouvement d'un point A mû perpendiculairement à la ligne BC, on voit que ce point pouvant aller ou de A vers D, ou de A vers E, si l'on représente par a le chemin AD ou AE qu'il a fait, on ne détermine pas encore absolument la situation de ce point. Le moyen de la fixer est d'indiquer, par quelque signe, si la quantité a doit être considérée à droite ou à gauche; or les signes $+$ et $-$ sont propres à cet effet; car si l'on estime le mouvement du point A à l'égard du point L connu et regardé comme terme fixe; lorsque le point A se meut vers D, ce qu'il décrit tend à augmenter LA; et lorsqu'il se meut vers E, ce qu'il décrit tend au contraire à diminuer LA; il est donc naturel de représenter AD par $+ a$ ou simplement par a, et au contraire de représenter AE par $- a$. Ce serait tout le contraire, si au lieu de rapporter le mouvement du point A au point L, on l'avait rapporté au point O.

Les quantités négatives ont donc une existence aussi réelle que les positives, et elles n'en diffèrent qu'en ce qu'elles ont une acception toute contraire dans le calcul.

Les quantités positives et les quantités négatives peuvent se trouver et se trouvent souvent mêlées ensemble dans un calcul, non-seulement parce que certaines opérations ont conduit, comme nous l'avons vu jusqu'ici, à retrancher certaines quantités d'autres quantités, mais encore parce que l'on a souvent besoin d'exprimer dans le calcul les différents aspects sous lesquels on considère les quantités.

70. Si donc, après avoir résolu une question, il arrivait que la valeur de l'inconnue trouvée par les méthodes ci-dessus fût négative, par exemple si l'on arrivait à un résultat tel que celui-ci, $x = -3$, il faudrait en conclure que la quantité qu'on a désignée par x n'a point les propriétés qu'on lui a supposées en faisant le calcul, mais des propriétés toutes contraires. Par exemple, si l'on proposait cette question : Trouver un nombre qui, étant ajouté à 15, donne 10; cette question est évidemment impossible; si l'on représente le nombre cherché par x, on aura cette équation $x + 15 = 10$, et par conséquent, en vertu des règles ci-dessus, $x = 10 - 15$ ou $x = -5$. Cette dernière conclusion me fait donc voir que x, que j'avais considéré comme devant être ajouté à 15 pour former 10, en doit au contraire être retranché. Ainsi toute solution négative indique quelque fausse supposition dans l'énoncé de la question; mais en même temps elle en indique la correction, en ce qu'elle marque que la quantité cherchée doit être prise dans un sens tout opposé à celui dans lequel elle a été prise.

71. Concluons donc de là que si, après avoir résolu une question dans laquelle quelques-unes des quantités étaient prises dans un certain sens, si, dis-je, on veut résoudre cette même question en prenant ces mêmes quantités dans un sens tout opposé, il suffira de changer les signes qu'ont actuellement ces quantités. Par exemple, dans la question IV, résolue généralement pour le cas où les deux courriers allaient vers un même côté, si je veux avoir la résolution de toutes les questions qu'on peut proposer dans le cas où ils viennent au-devant l'un de l'autre, j'y satisferai en changeant, dans la valeur de x, que nous avons trouvée $x = \dfrac{ad + bcd}{d - c}$, le signe de c.

En effet, puisque le premier courrier vient au-devant du second au lieu de s'en éloigner, il diminue le chemin que celui-ci doit faire; il le diminue à raison du chemin c qu'il fait par heure. Il faut donc exprimer que c, au lieu d'ajouter, retranche; il faut donc, au lieu de $+c$, mettre $-c$. Ce changement donnera $x = \dfrac{ad - bcd}{d + c}$; car, en changeant le signe de c dans le terme $+bcd$, qui n'est autre chose que $+bd \times +c$, il faudrait écrire $+bd \times -c$, qui (**24**) revient à $-bcd$.

Confirmons tout cela par un exemple. Supposons deux courriers venant en sens contraire, et partis de deux endroits éloignés de cent lieues. Le premier part sept heures avant le second, et fait deux lieues par heure; le second en fait trois par heure. En nommant x le chemin que fera celui-ci jusqu'à la rencontre, je vois que x sera égal à la différence entre la distance totale et le chemin qu'aura fait le premier courrier; or le chemin qu'aura fait celui-ci est composé du chemin qu'il peut faire pendant sept heures, et du chemin qu'il fera pendant que le second sera en marche. A l'égard de ce dernier chemin, on le déterminera en calculant le quatrième terme de cette proportion $3 : 2 :: x :$ ce quatrième terme sera $\dfrac{2x}{3}$; et puisque le chemin que fait le premier courrier pendant les sept heures qu'il a d'avance doit être de 14 lieues, à raison de deux lieues par heure, il aura donc fait en tout $14 + \dfrac{2x}{3}$; donc il ne reste à faire, pour le second courrier, que la quantité

$$100 - 14 - \frac{2x}{3} \quad \text{ou} \quad 86 - \tfrac{2}{3}x;$$

puis donc qu'on a représenté par x ce qu'il avait à faire, il faut que

$$x = 86 - \tfrac{2}{3}x;$$

équation d'où l'on tire

$$3x = 258 - 2x \quad \text{ou} \quad 5x = 258,$$

ou enfin

$$x = \tfrac{258}{5} = 51\tfrac{3}{5}.$$

Or si l'on substitue dans la formule

$$x = \frac{ad - bcd}{d + c},$$

que nous prétendons convenir à ce cas, si l'on substitue, dis-je, 100 pour a, 7 pour b, 3 pour d et 2 pour c, on aura

$$x = \frac{100 \times 3 - 7 \times 2 \times 3}{3 + 2} = \frac{300 - 42}{5} = \frac{258}{5} = 51\tfrac{3}{5};$$

ce qui est absolument la même chose.

A mesure que nous avancerons, nous aurons soin de fixer de plus en plus l'idée qu'on doit se faire des quantités négatives.

72. Comme il importe beaucoup d'acquérir la facilité de mettre en équation, nous joignons ici quelques questions simples pour exercer les commençants, nous contentant d'en donner le résultat pour servir à confirmer leurs essais. Après avoir résolu ces questions en nombres, ainsi qu'elles sont proposées, on fera très-bien de s'exercer à les résoudre en substituant des lettres aux nombres. C'est en imitant ainsi les solutions particulières que l'on acquiert la facilité de généraliser et d'étendre ses idées.

Trouver un nombre qui, étant successivement ajouté à 5 et à 12, donne deux sommes qui soient l'une à l'autre comme 3 est à 4. Réponse : 16.

Trouver un nombre dont la moitié, le tiers et les $\frac{2}{5}$ réunis surpassent ce nombre de 7. Réponse : 30.

On emploie trois ouvriers dont le premier fait 5 mètres d'ouvrage par jour, le second 7, et le troisième 8 : on demande en quel temps ces trois ouvriers, travaillant ensemble, feront 100 mètres. Réponse : 5 jours.

On a loué un ouvrier paresseux à raison de 1 fr. 20 cent. pour chaque jour qu'il travaillerait, mais à la condition de lui retenir, sur ce qui lui serait dû, 30 centimes par chaque jour qu'il ne travaillerait pas. On lui fait son compte au bout de 30 jours, et il se trouve qu'il n'a rien à recevoir : on demande combien de jours il a travaillé. Réponse : 6 jours.

Un homme achète un cheval qu'il vend ensuite 100 fr. de plus qu'il ne l'a acheté. A ce marché il se trouve gagner 10 pour 100 du prix qu'il le vend : on demande combien il l'a acheté. Réponse : 900 fr.

On a payé une certaine somme en 15 payements qui ont été en augmentant toujours de la même quantité; le premier payement a été de 7 fr., le dernier de 37 fr. : on demande de combien chaque payement augmentait. Réponse : $2\frac{1}{7}$.

On a de l'eau de mer qui, sur 32 kilog., contient un kilog. de sel : on demande combien il faudrait y mêler d'eau douce pour que, sur 32 kilog. du mélange, il n'y eût plus que 125 grammes de sel. Réponse : 224 kilog.

DES ÉQUATIONS DU PREMIER DEGRÉ A PLUSIEURS INCONNUES.

75. Soit qu'il y ait plusieurs inconnues, soit qu'il n'y en ait qu'une, la méthode qu'on doit suivre pour mettre en équation est toujours la même. Mais en général il faut former autant d'équations que peuvent en donner les conditions de la question. Si ces conditions sont toutes distinctes et indépendantes les unes des autres, et si en même temps chacune peut être exprimée par une équation, la question ne peut avoir plus d'une solution lorsque toutes ces équations sont du premier degré, et qu'en même temps il y en a autant que d'inconnues. Mais si quelqu'une des conditions se trouve ou explicitement ou implicitement comprise dans quelqu'une des autres, ou si le nombre des conditions est moindre que le nombre des inconnues, alors on aura moins d'équations que d'inconnues; et la question peut avoir une infinité de solutions, à moins que quelque condition particulière, mais qui ne peut être exprimée par une équation, n'en limite le nombre. Nous éclaircirons tout cela par des exemples.

Nous supposerons d'abord deux équations et deux inconnues.

Les règles que nous avons établies concernant les équations à une inconnue, ont également lieu pour les équations à plusieurs inconnues; mais il faut y ajouter la règle suivante pour les équations à deux inconnues.

74. *Prenez dans chaque équation la valeur d'une même inconnue, en opérant comme si tout le reste était connu : égalez ces deux valeurs, et vous aurez une équation qui ne renfermera plus que la seconde inconnue, que vous déterminerez par les règles précédentes. Cette seconde inconnue étant trouvée, substituez sa valeur dans l'une ou l'autre des deux valeurs que vous avez prises par la première opération, et vous aurez la seconde inconnue.*

Par exemple, si j'avais les deux équations

$$2x + y = 24,$$
$$5x + 3y = 65,$$

de la première, je tirerais en transposant,

$$2x = 24 - y,$$

et en divisant, $\qquad x = \dfrac{24 - y}{2}.$

De la seconde, je tire en transposant,

$$5x = 65 - 3y,$$

et en divisant $\qquad x = \dfrac{65 - 3y}{5}.$

J'égale les deux valeurs de x, en écrivant

$$\frac{24 - y}{2} = \frac{65 - 3y}{5},$$

équation qui ne renferme plus que la seconde inconnue y.

Pour avoir la valeur de y, je chasse (**64**) les dénominateurs 2 et 5, et j'ai

$$120 - 5y = 130 - 6y ;$$

transposant et réduisant, j'ai

$$y = 10.$$

Pour avoir x, je substitue, au lieu de y, sa valeur 10 dans la première valeur de x trouvée ci-dessus (on pourrait également ment substituer dans la seconde). Cette substitution me donne

$$x = \frac{24 - 10}{2} = \frac{14}{2} = 7.$$

75. Prenons pour second exemple, les deux équations

$$\frac{4x}{5} - \frac{5y}{6} = 2 \quad \text{et} \quad \tfrac{2}{3}x + \tfrac{3}{4}y = 19.$$

Je commence par chasser les dénominateurs (**64**), dans chacune de ces équations, ce qui les change en ces deux autres,

$$24x - 25y = 60 \quad \text{et} \quad 8x + 9y = 228.$$

De la première de ces deux-ci, je tire en transposant,

$$24x = 60 + 25y,$$

et en divisant, $\qquad x = \dfrac{60 + 25y}{24}.$

De la seconde, j'ai en transposant,

$$8x = 228 - 9y,$$

et en divisant, $\qquad x = \dfrac{228 - 9y}{8}.$

J'égale ces deux valeurs de x, en écrivant

$$\frac{60 + 25y}{24} = \frac{228 - 9y}{8};$$

équation qui ne renferme plus que y.

Pour avoir la valeur de cette inconnue, je chasse les dénominateurs, et j'ai

$$480 + 200y = 5472 - 216y \, ;$$

transposant, il me vient

$$200y + 216y = 5472 - 480 \, ,$$

qui se réduit à

$$416y = 4992 \, ;$$

enfin divisant, j'ai

$$y = \tfrac{4992}{416} = 12.$$

Pour avoir x, je mets, au lieu de y, sa valeur 12 dans l'une ou l'autre des deux valeurs de x, dans la première par exemple, c'est-à-dire dans

$$x = \frac{60 + 25y}{24} \, ,$$

laquelle devient par là,

$$x = \frac{60 + 25 \times 12}{24} = \frac{60 + 300}{24} = \frac{360}{24} = 15.$$

76. Prenons pour troisième exemple, les deux équations

$$\tfrac{2}{5} x = \tfrac{1}{4} x + \tfrac{3}{7} y - 9 \quad \text{et} \quad \tfrac{4}{5} x - \tfrac{2}{7} y = \tfrac{1}{2} y - 6.$$

Je commence par faire disparaître les dénominateurs (**64**).

J'ai
$$56x = 35x + 60y - 1260 \, ,$$

et
$$56x - 20y = 35y - 420.$$

De la première je tire, en transposant et réduisant,

$$21x = 60y - 1260 \, ,$$

et en divisant,
$$x = \frac{60y - 1260}{21}.$$

La seconde me donne, en transposant et réduisant,

$$56x = 55y - 420 \, ,$$

et en divisant
$$x = \frac{55y - 420}{56}.$$

Égalant ces deux valeurs de x, j'ai

$$\frac{60y - 1260}{21} = \frac{55y - 420}{56}.$$

Pour avoir la valeur de y dans cette équation, je chasse les dénominateurs, et j'ai

$$3360y - 70560 = 1155y - 8820 \, ;$$

transposant et réduisant, il vient
$$2205y = 61740;$$
enfin en divisant, on a
$$y = \tfrac{61740}{2205} = 28.$$

Pour avoir la valeur de x, je substitue, au lieu de y, sa valeur 28 dans l'équation
$$x = \frac{60y - 1260}{21}$$

trouvée ci-dessus ; ce qui donne
$$x = \frac{60 \times 28 - 1260}{21} = \frac{1680 - 1260}{21} = \frac{420}{21} = 20.$$

77. Si les équations étaient littérales, on opérerait de la même manière. Ainsi, si l'on avait les deux équations
$$ax + by = c, \quad \text{et} \quad dx + fy = e,$$
dans lesquelles a, b, c, d, e, f, marquent des quantités connues, positives ou négatives ; la première donnerait par transposition
$$ax = c - by,$$
et par division
$$x = \frac{c - by}{a};$$

la seconde donnerait de même par transposition
$$dx = e - fy,$$
et par division
$$x = \frac{e - fy}{d}.$$

Égalant ces deux valeurs de x, on aurait
$$\frac{c - by}{a} = \frac{e - fy}{d};$$
chassant les fractions, on a
$$cd - bdy = ae - afy;$$
transposant
$$afy - bdy = ae - cd;$$
enfin, divisant (**61**), on a
$$y = \frac{ae - cd}{af - bd}.$$

Pour avoir la valeur de x, il faut substituer, au lieu de y, sa valeur $\dfrac{ae-cd}{af-bd}$, dans l'une des deux valeurs de x, dans $x=\dfrac{c-by}{a}$, par exemple. Cette substitution donnera

$$x=\frac{c-b\times\dfrac{ae-cd}{af-bd}}{a}$$

qui revient à

$$x=\frac{c+\dfrac{-abe+bcd}{af-bd}}{a},$$

ou (**45**) réduisant c en fraction,

$$x=\frac{\dfrac{afc-bcd-abe+bcd}{af-bd}}{a}, \quad \text{ou} \quad x=\frac{\dfrac{afc-abe}{af-bd}}{a},$$

ou (**52**) $\quad x=\dfrac{afc-abe}{aaf-abd}, \quad$ ou enfin (**53**) $\quad x=\dfrac{fc-be}{af-bd}.$

78. Nous avons supposé jusqu'ici que les deux inconnues se trouvaient toutes deux dans chaque équation. Lorsque cela n'arrive point, le calcul ne diffère des précédents qu'en ce qu'il est plus simple. Par exemple, si l'on avait

$$5ax=3b$$

et $$cx+dy=e;$$

la première donnerait $\quad x=\dfrac{3b}{5a};$

et la seconde, $\quad x=\dfrac{e-dy}{c}.$

Égalant ces deux valeurs, on aurait

$$\frac{3b}{5a}=\frac{e-dy}{c};$$

d'où, chassant les dénominateurs, transposant et réduisant, on tire

$$y=\frac{5ae-3bc}{5ad}.$$

DES ÉQUATIONS DU PREMIER DEGRÉ, A TROIS ET A UN PLUS GRAND NOMBRE D'INCONNUES.

79. Ce que nous venons de dire étant une fois bien conçu, il est facile de voir comment on doit se conduire lorsque le nombre des inconnues et des équations est plus considérable.

Nous supposerons toujours qu'on ait autant d'équations que d'inconnues. Si l'on en a trois, *on prendra dans chacune la valeur d'une même inconnue, comme si tout le reste était connu. On égalera ensuite la première valeur à la seconde, et la première à la troisième; ou bien l'on égalera la première à la seconde, et la seconde à la troisième. On aura par ce procédé, deux équations à deux inconnues seulement, et on les traitera par la règle précédente* (**74**).

Soient, par exemple, les trois équations :

$$3x + 5y + 7z = 179$$
$$8x + 3y - 2z = 64$$
$$5x - y + 3z = 75$$

De la première je tire, par transposition,

$$3x = 179 - 5y - 7z;$$

et, par division,

$$x = \frac{179 - 5y - 7z}{3}.$$

De la seconde, j'ai, par transposition,

$$8x = 64 - 3y + 2z,$$

et, par division,

$$x = \frac{64 - 3y + 2z}{8}.$$

Dans la troisième, j'ai, par transposition,

$$5x = 75 + y - 3z,$$

et par division

$$x = \frac{75 + y - 3z}{5}.$$

Égalant la première valeur de x à la seconde, j'ai

$$\frac{179 - 5y - 7z}{3} = \frac{64 - 3y + 2z}{8}.$$

Égalant de même la première à la troisième, j'ai

$$\frac{179 - 5y - 7z}{3} = \frac{75 + y - 3z}{5}.$$

Comme il n'y a plus que deux inconnues, je traite ces deux dernières équations suivant la règle donnée (**74**) pour les équations à deux inconnues. Je chasse donc d'abord les dénominateurs, ce qui me donne les deux équations suivantes :

$$1432 - 40y - 56z = 192 - 9y + 6z,$$

et
$$895 - 25y - 35z = 225 + 3y - 9z.$$

Je prends dans chacune de ces équations la valeur de y : la première me donne, en transposant et réduisant,

$$1240 - 62z = 31y,$$

et en divisant,

$$y = \frac{1240 - 62z}{31}.$$

La seconde me donne, en transposant et réduisant,

$$670 - 26z = 28y,$$

et en divisant,

$$y = \frac{670 - 26z}{28}.$$

J'égale ces deux valeurs de y, et j'ai

$$\frac{1240 - 62z}{31} = \frac{670 - 26z}{28},$$

qui ne renferme plus qu'une inconnue. Pour en avoir la valeur, je chasse les dénominateurs et j'ai

$$34720 - 1736z = 20770 - 806z.$$

Transposant et réduisant, il vient

$$13950 = 930z ;$$

divisant enfin, on a

$$z = \frac{13950}{930} = \frac{1395}{93} = 15.$$

Pour avoir y, je mets, au lieu de z, sa valeur 15 dans l'équation

$$y = \frac{1240 - 62z}{31}$$

que nous venons de trouver ci-dessus; ce qui me donne

$$y = \frac{1240 - 62 \times 15}{31} = \frac{1240 - 930}{31} = \frac{310}{31} = 10.$$

Enfin pour avoir x, je mets, au lieu de y, sa valeur 10, et au lieu de z, sa valeur 15, dans l'une des trois valeurs de x trouvées ci-dessus, par exemple dans

$$x = \frac{179 - 5y - 7z}{3},$$

qui devient par là

$$x = \frac{179 - 5 \times 10 - 7 \times 15}{3} = \frac{179 - 50 - 105}{3} = \frac{179 - 155}{3}$$

$$= \frac{24}{3} = 8.$$

80. Si toutes les inconnues n'entraient pas à la fois dans chaque équation, le calcul serait plus simple, mais se ferait toujours d'une manière analogue.

Par exemple, si l'on avait les trois équations

$$5x + 3y = 65,$$
$$2y - z = 11,$$
$$3x + 4z = 57.$$

La première donnerait

$$x = \frac{65 - 3y}{5},$$

la seconde ne donnerait point de valeur de x; la troisième donnerait

$$x = \frac{57 - 4z}{3};$$

il n'y aurait donc que ces deux valeurs de x à égaler; elles donnent

$$\frac{65 - 3y}{5} = \frac{57 - 4z}{3},$$

équation qui ne renferme plus d'x, et qui, étant traitée avec la seconde équation

$$2y - z = 11,$$

selon les règles des équations à deux inconnues, donnera les valeurs de y et de z. En achevant le calcul, on trouvera

$$z = 9, \quad y = 10, \quad x = 7.$$

81. On voit par là que s'il ý avait un plus grand nombre d'équations, la règle générale serait : *Prenez, dans chaque équation, la valeur d'une même inconnue; égalez l'une de ces valeurs à chacune des autres, et vous aurez une équation et une inconnue de moins. Traitez ces nouvelles équations comme vous venez de faire pour les premières, et vous aurez encore une équation et une inconnue de moins. Continuez ainsi jusqu'à ce qu'enfin vous parveniez à n'avoir plus qu'une inconnue.*

82. Il ne sera peut-être pas inutile de placer ici une règle générale pour déterminer les valeurs des inconnues dans les équations du premier degré. Lorsque le nombre des inconnues est un peu considérable, et que les équations renferment tous les termes qu'elles peuvent renfermer, on est conduit par la première méthode, si elles sont littérales, à des valeurs plus composées qu'il ne convient; à la vérité on peut les réduire; mais c'est un travail qui devient d'autant plus long que le nombre des inconnues est plus considérable. D'ailleurs nous réduirons par la suite l'art de chasser les inconnues dans les équations qui passent le premier degré, à celui de les chasser dans celles du premier degré. Les méthodes que l'on a eues jusqu'ici pour éliminer ou chasser les inconnues, dans les équations qui passent le premier degré, ont toutes (si l'on en excepte seulement celles qu'ont données MM. Euler et Cramer) l'inconvénient de conduire à des équations beaucoup plus composées qu'il ne faut. Ces dernières même ne sont point à l'abri de cet inconvénient, lorsqu'on a plus de deux inconnues. Il peut donc être utile de donner ici des moyens faciles pour avoir les valeurs des inconnues dans les équations du premier degré. C'est ce que nous allons faire après avoir exposé une seconde méthode qui peut avoir son utilité dans plusieurs rencontres.

Soient les deux équations
$$3x + 4y = 81,$$
et
$$3x - 4y = 9.$$

Si l'on retranche la seconde de la première, on aura
$$8y = 72,$$
et par conséquent
$$y = \tfrac{72}{8} = 9.$$

Au contraire, si l'on ajoute la première équation à la seconde, on aura
$$6x = 90,$$
et par conséquent
$$x = \tfrac{90}{6} = 15.$$

On voit donc que lorsque les deux équations sont telles que le coefficient de l'une des inconnues est le même dans chacune, il est très-facile, par une simple addition ou une simple soustraction, de réduire les deux équations à n'avoir qu'une inconnue.

83. Mais ne peut-on pas ramener les équations à cet état? On le peut toujours; il suffit pour cela de multiplier l'une des deux équations par un nombre convenable. Voici comment on doit s'y prendre pour trouver ce nombre. Soient les deux équations
$$4x + 3y = 65$$
et
$$5x + 8y = 111.$$

Je représente par m le nombre dont il s'agit, et je multiplie l'une des deux équations, la seconde par exemple, par m, ce qui me donne

$$5mx + 8my = 111m.$$

Je l'ajoute avec la première, et j'ai

$$4x + 5mx + 3y + 8my = 65 + 111m$$

qu'on peut écrire ainsi

$$(4 + 5m)x + (3 + 8m)y = 65 + 111m.$$

Si je veux maintenant faire disparaître les x, je n'ai qu'à supposer que le nombre m est tel que

$$4 + 5m = 0,$$

ce qui me donne $m = -\tfrac{4}{5}.$

Cette supposition réduit l'équation à

$$(3 + 8m)y = 65 + 111m,$$

qui donne $y = \dfrac{65 + 111m}{3 + 8m};$

équation qui, en mettant pour m sa valeur $-\tfrac{4}{5}$, devient

$$y = \frac{65 - \dfrac{444}{5}}{3 - \dfrac{32}{5}} = \frac{\dfrac{325 - 444}{5}}{\dfrac{15 - 32}{5}} = \frac{-\dfrac{119}{5}}{-\dfrac{17}{5}} = +\frac{119}{5} \times \frac{5}{17} = \frac{119}{17} = 7.$$

Si au contraire j'avais voulu faire disparaître les y, j'aurais supposé m tel que

$$3 + 8m = 0,$$

c'est-à-dire que j'aurais égalé à zéro le coefficient ou multiplicateur de y, ce qui m'aurait donné $m = -\tfrac{3}{8}$. Cette supposition réduit l'équation à

$$(4 + 5m)x = 65 + 111m,$$

qui donne $x = \dfrac{65 + 111m}{4 + 5m},$

équation qui, en mettant pour m sa valeur actuelle $-\tfrac{3}{8}$, devient

$$x = \frac{65 - \dfrac{333}{8}}{4 - \dfrac{15}{8}} = \frac{\dfrac{520 - 333}{8}}{\dfrac{32 - 15}{8}} = \frac{\dfrac{187}{8}}{\dfrac{17}{8}} = \frac{187}{17} = 11.$$

84. Si l'on avait trois équations et trois inconnues, on multiplierait la seconde par un nombre m, et la troisième par un nombre n; et les ajoutant, ainsi multipliées, à la première, on supposerait égal à zéro le coefficient de chacune de deux des trois inconnues x, y et z. On aurait pour déterminer m et n, deux équations que l'on traiterait comme dans le cas précédent.

Par exemple, prenons les trois équations

$$3x + 5y + 7z = 179,$$
$$8x + 3y - 2z = 64,$$
$$5x - y + 3z = 75,$$

que nous avons déjà traitées. En multipliant la seconde par m, la troisième par n, et les ajoutant à la première, on aura

$$3x + 8mx + 5nx + 5y + 3my - ny + 7z - 2mz + 3nz = 179 + 64m + 75n$$

qu'on peut écrire ainsi

$$(3 + 8m + 5n)x + (5 + 3m - n)y + (7 - 2m + 3n)z = 179 + 64m + 75n.$$

Si c'est z que je veux avoir, je supposerai

$$3 + 8m + 5n = 0$$

et

$$5 + 3m - n = 0;$$

ce qui réduit l'équation à

$$(7 - 2m + 3n)z = 179 + 64m + 75n,$$

qui donne

$$z = \frac{179 + 64m + 75n}{7 - 2m + 3n};$$

il ne s'agit donc plus que de déterminer m et n, ce que l'on fera par le moyen des deux équations

$$3 + 8m + 5n = 0$$

et

$$5 + 3m - n = 0,$$

que l'on traitera comme dans le cas précédent; c'est-à-dire qu'on multipliera la seconde par un nombre p, et on l'ajoutera à la première, ce qui donnera

$$3 + 5p + 8m + 3pm + 5n - pn = 0,$$

qu'on écrit ainsi $\quad 3 + 5p + (8 + 3p)m + (5 - p)n = 0.$

Pour avoir n, on supposera $\quad 8 + 3p = 0,$

ce qui réduira l'équation à

$$3 + 5p + (5 - p)n = 0,$$

qui donne

$$n = \frac{-3 - 5p}{5 - p};$$

or, l'équation $\quad 8 + 3p = 0,$

donne $\quad p = -\frac{8}{3};$

donc

$$n = \frac{-3 + \dfrac{40}{3}}{5 + \dfrac{8}{3}},$$

qui se réduit à

$$n = \frac{31}{23};$$

par une opération semblable, on trouvera

$$m = -\frac{28}{23};$$

substituant donc dans la valeur de z, on aura

$$z = \frac{179 - 64 \cdot \dfrac{28}{23} + 75 \cdot \dfrac{31}{23}}{7 - 2 \cdot \dfrac{-28}{23} + 3 \cdot \dfrac{31}{23}},$$

qui se réduit à

$$z = 15.$$

On voit par là comment on s'y serait pris, si au lieu de z, on avait voulu avoir y ou x; mais lorsque l'une des inconnues est trouvée, il serait superflu de recommencer un calcul semblable pour chacune des autres, il faut substituer la valeur de cette inconnue dans les équations proposées; et employant une équation de moins, on détermine les autres valeurs comme pour les cas où il y a une équation de moins.

85. En suivant cette méthode ou la première, on peut trouver des formules générales qui représentent les valeurs des inconnues dans tous les cas imaginables. C'est ainsi qu'on trouvera que si l'on représente généralement deux équations du premier degré à deux inconnues par

$$ax + by + c = 0$$

et
$$a'x + b'y + c' = 0,$$

ce qu'on peut toujours faire en passant tous les termes dans un même membre, et représentant par une seule lettre la totalité des quantités connues qui multiplient chaque inconnue, et la totalité des termes entièrement connus, on trouvera, dis-je, que les valeurs de x et de y sont exprimées en cette manière :

$$x = \frac{bc' - b'c}{ab' - a'b}, \quad y = \frac{a'c - ac'}{ab' - a'b}.$$

Pareillement, si l'on représente trois équations du premier degré à trois inconnues, par

$$ax + by + cz + d = 0,$$
$$a'x + b'y + c'z + d' = 0,$$
$$a''x + b''y + c''z + d'' = 0,$$

on trouvera que les valeurs de x, y et z sont exprimées en cette manière :

$$z = \frac{-ab'd'' + a'bd'' - a''bd' + ab''d' - a'b''d + a''b'd}{+ab'c'' - a'bc'' + a''bc' - ab''c' + a'b''c - a''b'c},$$

$$y = \frac{-ad'c'' + a'dc'' - a''dc' + ac'd'' - a'cd'' + a''cd'}{+ab'c'' - a'bc'' + a''bc' - ab''c' + a'b''c - a''b'c},$$

$$x = \frac{-b'c''d + bc''d' - bc'd'' + b''c'd - b''cd' + b'cd''}{+ab'c'' - a'bc'' + a''bc' - ab''c' + a'b''c - a''b'c}.$$

Pour 4 équations et 4 inconnues, on aurait 4 fractions dont le numérateur et le dénominateur auraient chacun 24 termes. Ils auraient 120 termes pour 5 inconnues; 720 pour 6, et ainsi de suite, selon le produit des nombres 1.2.3.4.5, etc.*

---

* Si l'on veut s'instruire plus à fond de la manière de déterminer les valeurs des inconnues dans les équations du premier degré, on peut consulter l'ouvrage que nous avons publié, en 1779, sous le titre *Théorie générale des Équations algébriques*, Paris, in-4. On y trouvera une méthode très-générale et très-expéditive pour déterminer tout à la fois ou séparément les valeurs des inconnues dans les équations, soit numériques, soit littérales.

APPLICATION DES RÈGLES PRÉCÉDENTES A LA RÉSOLUTION DE QUELQUES QUESTIONS QUI RENFERMENT PLUS D'UNE INCONNUE.

86. QUESTION I. *Un homme a deux espèces de monnaie : 7 pièces de la plus forte espèce, avec 12 pièces de la seconde, font 200 fr. ; et 12 pièces de la première espèce, avec 7 de la seconde, font 275 fr. On demande combien vaut chaque espèce de monnaie ?*

Si l'on savait combien vaut chaque espèce de pièce, en multipliant la valeur d'une pièce de la première espèce par 7, et celle d'une pièce de la seconde espèce par 12, et ajoutant les deux produits, on trouverait 200 fr. ; pareillement, en multipliant la valeur d'une pièce de la première espèce par 12, celle de la seconde par 7, et ajoutant les deux produits, on trouverait 275 fr. ; cela étant, si je représente par x le nombre de francs ou la valeur d'une pièce de la première espèce, et par y celle d'une pièce de la seconde espèce, je pourrai raisonner ainsi :

Chaque pièce de la première espèce valant x, les 7 pièces vaudront 7 fois x, ou $7x$; par la même raison 12 pièces de la seconde espèce vaudront $12y$; il faut donc que

$$7x + 12y = 200.$$

Un raisonnement semblable à l'égard de la seconde condition fera voir qu'il faut que

$$12x + 7y = 275.$$

Il ne s'agit donc plus que de trouver les valeurs de x et de y. Pour cet effet, je prends dans chaque équation la valeur de x. La première me donne, après la transposition et la division,

$$x = \frac{200 - 12y}{7};$$

la seconde me donne

$$x = \frac{275 - 7y}{12};$$

j'égale ces deux valeurs de x et j'ai l'équation

$$\frac{200 - 12y}{7} = \frac{275 - 7y}{12}.$$

Pour tirer de cette dernière la valeur de y, je chasse les dénominateurs (**64**) et j'ai

$$2400 - 144y = 1925 - 49y,$$

ou en transposant et réduisant

$$475 = 95y,$$

ou enfin en divisant, $\quad y = \dfrac{475}{95} = 5.$

Pour avoir x, je reprends la première valeur de x, savoir

$$x = \frac{200 - 12y}{7},$$

et substituant pour y sa valeur 5, j'ai

$$x = \frac{200 - 12 \times 5}{7} = \frac{200 - 60}{7} = \frac{140}{7} = 20;$$

donc la plus forte pièce était de 20 fr. et la plus petite de 5 fr.
En effet, 7 pièces de 20 fr. font 140 fr., qui avec 12 pièces de
5 fr. ou 60 fr., font 200 fr. De plus, 12 pièces de 20 fr., qui
font 240 fr., avec 7 pièces de 5 fr. qui font 35 fr., donnent 275 fr.

Question II. *On a mêlé ensemble une certaine quantité d'or
et une certaine quantité d'argent. Tout le mélange fait un volume de 24 centimètres cubes, et pèse 305 grammes : un centimètre cube d'or pèse 19 grammes $\frac{1}{3}$, et un centimètre cube d'argent en pèse 10 $\frac{1}{2}$. On demande quelle est la quantité d'or et
quelle est la quantité d'argent qui ont été alliés ?*

Si l'on connaissait le nombre de centimètres cubes de chaque
espèce de matière, en ajoutant ces deux nombres, ils donneraient 24 pour leur somme. De plus, en prenant 19 grammes $\frac{1}{3}$
autant de fois qu'il y a de centimètres cubes d'or, c'est-à-dire
en multipliant 19 $\frac{1}{3}$ par le nombre des centimètres cubes d'or,
on aurait le poids de l'or qui entre dans le mélange; et en multipliant de même 10 grammes $\frac{1}{2}$ par le nombre des centimètres
cubes d'argent, on aurait le poids de l'argent; et en ajoutant
ces deux produits ils formeraient 305 grammes.

Raisonnons donc de la même manière en représentant par x
le nombre des centimètres cubes d'or, et par y le nombre des
centimètres cubes d'argent : il faut donc que $x + y = 24$. D'un
autre côté, chaque centimètre cube d'or pesant 19 grammes $\frac{1}{3}$,

ou $\dfrac{58}{3}$ de gramme, un nombre x de centimètres d'or pèsera $\dfrac{58}{3}\times x$ ou $\dfrac{58}{3}x$. Par la même raison chaque centimètre cube d'argent pesant 10 grammes $\frac{1}{2}$ ou $\dfrac{21}{2}$ de gramme, un nombre y de centimètres cubes pèsera $\dfrac{21}{2}\times y$ ou $\dfrac{21}{2}y$; donc l'or et l'argent réunis pèseront $\dfrac{58}{3}x+\dfrac{21}{2}y$; or ils doivent peser 305 grammes, donc

$$\frac{58}{3}x+\frac{21}{2}y=305.$$

Pour trouver les valeurs de x et de y, je chasse les dénominateurs de cette dernière équation, et j'ai

$$116x+63y=1830.$$

De la première équation je tire $x=24-y$, et la dernière donne

$$x=\frac{1830-63y}{116};$$

égalant ces deux valeurs, on a

$$24-y=\frac{1830-63y}{116}.$$

Pour avoir y je chasse le dénominateur, et il me vient

$$2784-116y=1830-63y;$$

transposant et réduisant,

$$954=53y,$$

enfin en divisant $\qquad y=\dfrac{954}{53}=18;$

et comme on a trouvé $\qquad x=24-y,$

on a donc $x=6$, c'est-à-dire qu'on a mêlé 6 centimètres d'or avec 18 centimètres d'argent. En effet, le tout fait 24 centimètres cubes. D'ailleurs 6 centimètres cubes pesant chacun 19 grammes $\frac{1}{3}$ font 116 grammes, et 18 centimètres cubes pesant chacun 10 grammes $\frac{1}{2}$ font 189 grammes, lesquels avec les 116 font 305 grammes.

Si les deux matières qu'on a mêlées avaient des pesanteurs

spécifiques* différentes, et si le volume, ainsi que le poids total du mélange, étaient différents de ce qu'on vient de supposer, la méthode pour trouver les quantités de chaque espèce de matière n'en serait pas moins la même. Ainsi, pour renfermer dans une seule toutes les solutions des questions de cette espèce, supposons généralement que le nombre total des centimètres cubes des deux espèces de matière soit a.

Que le poids total du mélange exprimé en grammes soit b.

Que le poids d'un centimètre cube de la première matière soit c.

Et celui d'un centimètre cube de la seconde soit d, c et d étant exprimés en grammes.

Alors si nous représentons par x le nombre des centimètres cubes de la première matière, et par y le nombre des centimètres cubes de la seconde, nous aurons pour première équation

$$x + y = a.$$

D'ailleurs chaque centimètre de la première matière pesant c grammes, dès qu'il y a x de centimètres cubes, la quantité de la première matière pèsera $c \times x$ ou cx. Par la même raison, la quantité de la seconde matière pèsera dy, en sorte que le total pèsera $cx + dy$; et comme il est supposé peser b, il faut que

$$cx + dy = b.$$

Cela posé, la première équation donne

$$x = a - y;$$

la seconde donne

$$x = \frac{b - dy}{c};$$

égalant ces deux valeurs, on a

$$a - y = \frac{b - dy}{c};$$

---

* On appelle *pesanteur spécifique* la pesanteur d'un corps dont le volume est connu. Quand on dit : un tel corps pèse 12 grammes, on ne détermine que le poids de ce corps et non pas celui de l'espèce de matière dont il est composé; mais quand on dit, par exemple : 1 centimètre cube d'eau pèse 1 gramme, alors on détermine la pesanteur de cette eau ; on met en état de déterminer combien pèse tout autre volume connu de cette même eau.

chassant le dénominateur, il vient

$$ac - cy = b - dy;$$

transposant et divisant,

$$y = \frac{ac - b}{c - d}.$$

Pour avoir la valeur de x, il faut substituer dans l'équation

$$x = a - y,$$

la valeur qu'on vient de trouver pour y, et l'on aura

$$x = a + \frac{b - ac}{c - d},$$

où l'on voit que j'ai changé les signes du numérateur de $\dfrac{ac - b}{c - d}$, parce que y doit être retranché de a (**11**). Cette valeur de x peut être simplifiée en réduisant le tout en fraction (**45**), ce qui donnera

$$x = \frac{ac - ad + b - ac}{c - d},$$

ou, en réduisant,

$$x = \frac{b - ad}{c - d}.$$

Les valeurs

$$x = \frac{b - ad}{c - d} \quad \text{et} \quad y = \frac{ac - b}{c - d},$$

que l'on vient de trouver, peuvent fournir une règle susceptible d'un énoncé assez simple pour la résolution générale de toutes les questions de cette espèce.

Pour trouver cette règle, il faut faire attention : 1° que b marque le poids total du mélange; 2° que a marquant le nombre total des parties du mélange, et d le poids d'une des parties de la seconde espèce, ad marque ce que pèserait le volume du mélange, s'il était composé seulement de la matière de la seconde espèce. En effet, si tout le volume était d'argent, par exemple, on trouverait son poids total en multipliant la pesanteur d d'un centimètre cube d'argent par le nombre total a des centimètres cubes. Enfin le dénominateur $c - d$ est la différence des pesanteurs spécifiques de chaque espèce de matière.

Si l'on analyse de même la valeur de y, on verra que ac est ce que pèserait le volume du mélange, s'il était uniquement composé de la première matière. De là on pourra conclure cette règle.

Calculez ce que pèserait le volume du mélange s'il était composé seulement de la seconde matière, retranchez ce poids du poids total actuel du mélange, et divisez le reste par la différence des pesanteurs spécifiques des deux matières : le quotient sera le nombre des parties de la première matière qui entre dans le mixte.

Au contraire, *pour avoir le nombre des parties de la seconde matière, calculez ce que pèserait le volume du mélange s'il était tout entier de la première matière, retranchez-en le poids total actuel du mélange, et divisez le reste par la même quantité que ci-dessus.*

Cette règle est précisément ce qu'on appelle en arithmétique la *règle d'alliage*, et qu'en arithmétique nous avons renvoyée à cette troisième partie.

On peut, à cette même question, en ramener une infinité d'autres qui, au premier coup d'œil, ne semblent pas de même espèce, par exemple celle-ci : *Faire* 435 *francs en* 42 *pièces, les unes de* 20 *francs et les autres de* 5 *francs*; car avec un peu d'attention, on voit que cette question est la même que cette autre : Un mixte composé de 42 centimètres cubes de matière pèse 435 grammes; des deux matières qui y entrent, l'une pèse 20 grammes par centimètre cube, et l'autre 5 grammes. En suivant la règle précédente, on trouvera qu'il faut 15 pièces de 20 francs et 27 pièces de 5 francs.

La même règle servirait encore à résoudre cette autre question : *Un mètre cube d'eau de mer pèse* 1057 *kilogrammes, un mètre cube d'eau de pluie pèse* 1000 *kilogrammes; combien faudrait-il mêler ensemble d'eau de mer et d'eau de pluie pour faire de l'eau qui pesât* 1025 *kilogrammes par mètre cube ?*

On voit par là combien il peut être utile de s'accoutumer de bonne heure à représenter d'une manière générale les quantités connues qui entrent dans les questions, et à interpréter ou traduire les résultats algébriques des solutions des problèmes.

QUESTION III. *On a trois lingots dans chacun desquels il entre de l'or, de l'argent et du cuivre. L'alliage, dans le premier, est tel que sur* 16 *grammes il y en a* 7 *d'or,* 8 *d'argent et* 1 *de cuivre;*

dans le second, sur 16 *grammes, il y en a* 5 *d'or,* 7 *d'argent et* 4 *de cuivre; dans le troisième, sur* 16 *grammes, il y en a* 2 *d'or,* 9 *d'argent et* 5 *de cuivre. On veut, en prenant différentes parties de ces trois alliages, composer un quatrième lingot tel que, sur* 16 *grammes, il s'en trouve* 4 *grammes et* $\frac{15}{16}$ *en or,* 7 $\frac{10}{16}$ *en argent et* 3 $\frac{7}{16}$ *en cuivre.*

Réprésentons par x le nombre de grammes qu'il faut prendre du premier lingot, par y le nombre de grammes qu'il faut prendre du second, et enfin par z le nombre de grammes qu'il faut prendre du troisième.

Puisque 16 grammes du premier contiennent 7 grammes d'or, on trouvera ce que x grammes de ce même lingot peuvent contenir d'or, en calculant le quatrième terme de cette proportion $16 : 7 :: x :$; ce quatrième sera $\frac{7x}{16}$. Par un raisonnement semblable, on trouvera qu'en prenant y grammes du second lingot, on prend $\frac{5y}{16}$ en or, et sur le troisième $\frac{2z}{16}$. Ces trois quantités réunies font $\frac{7x + 5y + 2z}{16}$; or on veut qu'elles fassent 4 $\frac{15}{16}$ ou $\frac{79}{16}$, donc

$$\frac{7x + 5y + 2z}{16} = \frac{79}{16}.$$

Pour satisfaire à la seconde condition, on remarquera de même qu'en prenant x grammes sur le premier lingot, on prend nécessairement $\frac{8x}{16}$ grammes en argent, sur le second $\frac{7y}{16}$, et enfin sur le troisième on prend nécessairement $\frac{9z}{16}$. Ces trois quantités réunies font $\frac{8x + 7y + 9z}{16}$; et comme on veut qu'elles fassent 7 $\frac{10}{16}$ ou $\frac{122}{16}$, on aura

$$\frac{8x + 7y + 9z}{16} = \frac{122}{16}.$$

En procédant de la même manière, on aura, pour satisfaire à la troisième condition, l'équation

$$\frac{x + 4y + 5z}{16} = \frac{55}{16}.$$

Comme le nombre 16 est diviseur commun des deux membres de chacune des trois équations qu'on vient de trouver, on peut le supprimer, et alors on aura les trois équations suivantes :

$$7x + 5y + 2z = 79,$$
$$8x + 7y + 9z = 122,$$
$$x + 4y + 5z = 55.$$

Tirant de chacune la valeur de x, on aura

$$x = \frac{79 - 5y - 2z}{7},$$

$$x = \frac{122 - 7y - 9z}{8},$$

$$x = 55 - 4y - 5z;$$

égalant la première valeur de x à la seconde et à la troisième (**79**), on aura

$$\frac{79 - 5y - 2z}{7} = \frac{122 - 7y - 9z}{8}$$

et

$$\frac{79 - 5y - 2z}{7} = 55 - 4y - 5z,$$

équations qui ne renferment plus que deux inconnues, et qu'il faut, par conséquent, traiter selon ce qui a été dit (**74**).

Pour cet effet, je commence par faire disparaître les diviseurs, et j'ai

$$632 - 40y - 16z = 854 - 49y - 63z$$

et

$$79 - 5y - 2z = 385 - 28y - 35z;$$

ou, en passant tous les y d'un côté et réduisant,

$$9y = 222 - 47z \quad \text{et} \quad 23y = 306 - 33z.$$

La première de ces deux équations donne

$$y = \frac{222 - 47z}{9},$$

et la seconde

$$y = \frac{306 - 33z}{23};$$

égalant ces deux valeurs de y, j'ai

$$\frac{222 - 47z}{9} = \frac{306 - 33z}{23};$$

chassant les diviseurs,

$$5106 - 1081z = 2754 \ - 297z;$$

transposant,

$$5106 - 2754 \ = 1081z - 297z;$$

réduisant,

$$2352 = 784z;$$

et enfin, en divisant,

$$z = \frac{2352}{784} = 3.$$

Pour avoir la valeur de y, je substitue dans l'une des deux valeurs qu'on a trouvées ci-dessus pour y, j'y substitue, dis-je, au lieu de z sa valeur 3, qu'on vient de trouver; par exemple, en substituant dans

$$y = \frac{222 - 47z}{9},$$

j'ai

$$y = \frac{222 - 141}{9} = \frac{81}{9} = 9.$$

Enfin pour avoir x, je substitue, au lieu de y et de z, leurs valeurs 9 et 3 dans l'une des trois valeurs qu'on a trouvées ci-dessus pour x; par exemple dans la dernière, savoir

$$x = 55 - 4y - 5z,$$

et cette valeur devient

$$x = 55 - 36 - 15 = 55 - 51 = 4;$$

c'est-à-dire, puisqu'on trouve $x = 4$, $y = 9$ et $z = 3$, qu'il faut prendre 4 grammes du premier lingot, 9 du second et 3 du troisième, et alors le nouveau lingot contiendra en or 4 grammes et $\frac{15}{16}$, en argent 7 grammes $\frac{10}{16}$, et en cuivre 3 grammes $\frac{7}{16}$.

En effet, puisque le premier lingot contient sur 16 grammes 7 grammes d'or, 8 d'argent et 1 de cuivre, il est évident que si l'on prend 4 grammes seulement de ce lingot, on aura $\frac{28}{16}$ grammes en or, $\frac{32}{16}$ en argent et $\frac{4}{16}$ en cuivre. Par une raison semblable, en prenant 9 grammes du second lingot, on aura $\frac{45}{16}$ en or, $\frac{63}{16}$ en argent et $\frac{36}{16}$ en cuivre; et en prenant 3 grammes du troisième lingot, on aura $\frac{6}{16}$ en or, $\frac{27}{16}$ en argent et $\frac{15}{16}$ en cuivre.

Réunissant les trois quantités de chaque espèce de matière provenant des trois lingots, on aura $\frac{79}{16}$, $\frac{122}{16}$, $\frac{55}{16}$ ou $4\frac{15}{16}$, $7\frac{10}{16}$ et $3\frac{7}{16}$ pour les quantités d'or, d'argent et de cuivre, qui entreront en effet dans le quatrième lingot.

DES CAS OU LES QUESTIONS PROPOSÉES RESTENT INDÉTERMINÉES, QUOIQU'ON AIT AUTANT D'ÉQUATIONS QUE D'INCONNUES; ET DES CAS OU LES QUESTIONS SONT IMPOSSIBLES.

87. Il arrive quelquefois que quoiqu'on ait autant d'équations que d'inconnues, la question qui a conduit à ces équations reste néanmoins indéterminée, c'est-à-dire qu'elle est alors susceptible d'un nombre indéfini de solutions.

Ce cas a lieu lorsque quelques-unes des conditions, quoique différentes en apparence, se trouvent être les mêmes dans le fond. Alors les équations qui expriment ces conditions sont, ou des multiples les unes des autres, ou en général quelques-unes d'entre elles sont composées d'une ou de plusieurs des autres, ajoutées ou soustraites, multipliées ou divisées par certains nombres. Par exemple, une question qui conduirait à ces trois équations

$$5x + 3y + 2z = 17,$$
$$8x + 2y + 4z = 20 ;$$
$$18x + 8y + 8z = 54,$$

serait susceptible d'un nombre indéfini de solutions, quoiqu'il semble, d'après ce que nous avons vu plus haut, que x, y et z ne peuvent avoir chacun qu'une seule valeur. De ces trois équations, la dernière est composée de la seconde ajoutée avec le double de la première. Or, il est évident que les deux premières étant une fois supposées avoir lieu, la troisième s'ensuit nécessairement; que par conséquent elle n'exprime aucune nouvelle condition : on est donc dans le même cas que si l'on avait seulement les deux premières équations : or, nous verrons dans peu que lorsqu'on n'a que deux équations pour trois inconnues, chaque inconnue est susceptible d'un nombre indéfini de valeurs.

88. Le calcul fait toujours connaître les cas dont il s'agit ici : voici comment. Il n'y a qu'à procéder à la recherche des inconnues, selon les règles données ci-dessus : alors si quelqu'une des équations est comprise dans les autres, on arrivera dans le cours du calcul à une équation *identique*, c'est-à-dire à une équation dans laquelle les deux membres seront non-seulement égaux, mais encore composés de termes semblables et égaux :

autant on trouvera d'équations identiques, autant il y aura d'équations inutiles parmi celles qui auront été proposées.

Par exemple, si de chacune des deux équations

$$6x + 8y = 12$$

et $$x + \tfrac{4}{3}y = 2,$$

je tire la valeur de x, j'aurai

$$x = \frac{12 - 8y}{6} \quad \text{et} \quad x = 2 - \tfrac{4}{3}y :$$

égalant ces deux valeurs, j'aurai

$$\frac{12 - 8y}{6} = 2 - \tfrac{4}{3}y,$$

ou chassant les dénominateurs,

$$36 - 24y = 36 - 24y,$$

équation identique et qui ne peut faire connaître la valeur de y, parce qu'après la transposition et la réduction, on est conduit à cette équation $0 = 0$.

Pareillement, des trois équations ci-dessus on tire

$$x = \frac{17 - 3y - 2z}{5}, \quad x = \frac{20 - 2y - 4z}{8} \quad \text{et} \quad x = \frac{54 - 8y - 8z}{18};$$

égalant la première de ces valeurs à la seconde et à la troisième, on aura

$$\frac{17 - 3y - 2z}{5} = \frac{20 - 2y - 4z}{8} \quad \text{et} \quad \frac{17 - 3y - 2z}{5} = \frac{54 - 8y - 8z}{18};$$

chassant les dénominateurs, transposant, réduisant et divisant, on aura par la première

$$y = \frac{36 + 4z}{14};$$

et par la seconde $$y = \frac{36 + 4z}{14};$$

valeurs qui, étant égalées, donnent l'équation identique

$$\frac{36 + 4z}{14} = \frac{36 + 4z}{14} :$$

il n'y a donc dans ce cas que deux équations réellement distinctes.

Mais si l'on avait les trois équations suivantes ·

$$5x + 3y + 2z = 24$$
$$\tfrac{25}{2}x + \tfrac{15}{2}y + 5z = 60$$
$$15x + 9y + 6z = 72$$

La première donnerait

$$x = \frac{24 - 3y - 2z}{5};$$

la seconde, après avoir chassé les dénominateurs, transposé, réduit, etc., donnerait

$$x = \frac{120 - 15y - 10z}{25};$$

et la troisième
$$x = \frac{72 - 9y - 6z}{15}.$$

Égalant la première de ces valeurs à la seconde et à la troisième, on aurait

$$\frac{24 - 3y - 2z}{5} = \frac{120 - 15y - 10z}{25} \quad \text{et} \quad \frac{24 - 3y - 2z}{5} = \frac{72 - 9y - 6z}{15} :$$

et en chassant les dénominateurs,

$$600 - 75y - 50z = 600 - 75y - 50z,$$
$$\text{et} \qquad 360 - 45y - 30z = 360 - 45y - 30z,$$

équations identiques et dont on ne peut tirer ni y, ni z, parce qu'elles se réduisent chacune à $0 = 0$. Il n'y a donc ici, à proprement parler, qu'une seule équation.

Les questions qui conduisent à de pareils résultats sont indéterminées, mais ne sont pas impossibles. Nous verrons dans peu comment on doit les traiter

89. Dans les cas dont nous venons de parler, le numérateur et le dénominateur de chacune des valeurs des inconnues x, y, z, etc., que nous avons données (85) deviennent 0, ce qui doit être, ainsi qu'on peut le conclure facilement de ce que nous venons de dire. On peut donc, par le moyen de ces mêmes formules générales, reconnaître les cas où quelques-unes des équations seront comprises dans les autres.

90. Lorsqu'une question qui ne conduit qu'à des équations du premier degré est impossible, on s'en aperçoit à ce que la

suite du calcul conduit à une absurdité, par exemple conduit à dire $4 = 3$. Si l'on avait, par exemple, les deux équations

$$5x + 3y = 30$$

et
$$20x + 12y = 135.$$

La première donnerait

$$x = \frac{30 - 3y}{5},$$

et la seconde
$$x = \frac{135 - 12y}{20};$$

égalant ces deux valeurs, on a

$$\frac{30 - 3y}{5} = \frac{135 - 12y}{20};$$

chassant les dénominateurs, on a

$$600 - 60y = 675 - 60y$$

qui conduit à
$$600 = 675,$$

ce qui est absurde; donc la question qui conduirait aux deux équations

$$5x + 3y = 30, \quad \text{et} \quad 20x + 12y = 135,$$

est impossible et absurde.

91. Les solutions négatives indiquent aussi une sorte d'impossibilité dans la question; mais cette impossibilité n'est pas absolue, elle est relative au sens dans lequel les quantités ont été prises; en sorte qu'il y a un sens dans lequel ces solutions sont naturelles et admissibles; voyez ce qui a été dit (**70**).

DES PROBLÈMES INDÉTERMINÉS.

92. On appelle *problème indéterminé*, toute question à laquelle on peut satisfaire en plusieurs manières, sans pouvoir déterminer parmi toutes ces manières quelle est celle qui donne lieu à la question. Ces sortes de problèmes ont toujours moins de conditions que d'inconnues; et envisagés généralement, ils sont susceptibles d'une infinité de solutions; mais il arrive souvent aussi que le nombre de ces solutions est limité par quelques conditions qui ne pouvant pas être réduites en équations, ne permettent pas de déterminer d'une manière directe le nombre des solutions que la question peut avoir.

Si l'on proposait cette question : *Trouver deux nombres qui pris ensemble fassent* 24 ; en nommant x l'un de ces nombres, et y l'autre, on aurait

$$x + y = 24,$$

équation de laquelle on tire

$$x = 24 - y.$$

Or cette question est susceptible d'une infinité de solutions, si par x et y on entend indifféremment des nombres entiers, ou des nombres fractionnaires, et des nombres positifs ou négatifs : il suffit, pour y satisfaire, de prendre pour y tel nombre qu'on voudra, et de conclure la valeur de x de l'équation

$$x = 24 - y,$$

en y substituant pour y le nombre qu'on aura pris arbitrairement ; ainsi, si l'on suppose successivement

$$y = 1, \quad y = 1\tfrac{1}{2}, \quad y = 2, \quad y = 2\tfrac{2}{3}, \text{ etc.}$$

on aura

$$x = 23, \quad x = 22\tfrac{1}{2}, \quad x = 22, \quad x = 21\tfrac{1}{3}, \text{ etc.}$$

Mais si l'on ne veut que des nombres entiers et positifs, alors le nombre des solutions est limité ; car pour que x soit positif, il faut que y ne soit pas plus grand que 24. Et puisqu'on ne veut que des nombres entiers, il est évident que l'équation ne peut avoir en tout que 25 solutions en y comprenant 0 : en sorte que supposant successivement $y = 0$, $y = 1$, $y = 2$, $y = 3$, etc., on aura $x = 24$, $x = 23$, $x = 22$, $x = 21$, etc.

93. Mais lorsqu'on impose la condition que les nombres demandés soient des nombres entiers et positifs, on ne voit pas toujours aussi facilement que dans l'exemple précédent comment on peut satisfaire à cette condition : les questions suivantes sont propres à le faire connaître.

QUESTION I. *On demande en combien de manières on peut payer* 542 *francs, en donnant des pièces de la valeur de* 17 *francs et recevant en échange des pièces de la valeur de* 11 *francs.*

Représentons par x le nombre des pièces de 17 fr. et par y celui des pièces de 11 fr. ; en donnant x pièces de 17 fr. on payera x fois 17 fr. ou $17x$: en recevant y pièces de 11 fr. on recevra $11y$; par conséquent, on aura payé $17x-11y$; et puisqu'on veut payer 542 fr. on aura

$$17x-11y=542.$$

Tirons la valeur de y, c'est-à-dire de l'inconnue qui a le moindre coefficient, et nous aurons

$$y=\frac{17x-542}{11}.$$

Comme on n'a que cette équation, on voit qu'en mettant arbitrairement pour x tel nombre qu'on voudra, on aura pour y une valeur qui satisfera sûrement à l'équation; mais comme la question exige que x et y soient des nombres entiers, voici comment il faut s'y prendre pour y parvenir directement.

La valeur de $y=\frac{17x-542}{11}$ se réduit, en faisant la division autant qu'il est possible, à

$$y=x-49+\frac{6x-3}{11};$$

il faut donc que $\frac{6x-3}{11}$ soit un nombre entier · soit u ce nombre entier; on aura

$$\frac{6x-3}{11}=u,$$

et par conséquent

$$6x-3=11u \quad \text{et} \quad x=\frac{11u+3}{6},$$

ou en faisant la division,

$$x=u+\frac{5u+3}{6};$$

il faut donc que $\frac{5u+3}{6}$ fasse un nombre entier : soit t ce nombre entier; on aura

$$\frac{5u+3}{6}=t,$$

et par conséquent $\qquad 5u+3=6t$

et $\qquad u=\frac{6t-3}{5}=t+\frac{t-3}{5};$

il faut donc que $\dfrac{t-3}{5}$ fasse un nombre entier : soit s ce nombre entier, on aura

$$\frac{t-3}{5}=s,$$

et par conséquent $\qquad t=5s+3:$

l'opération est terminée ici, parce qu'il est évident qu'en prenant pour s tel nombre entier qu'on voudra, on aura toujours pour t un nombre entier tel que l'exige la question, puisqu'il n'y a plus de dénominateur.

Remontons maintenant aux valeurs de x et y : puisqu'on a trouvé

$$u=\frac{6t-3}{5};$$

en mettant pour t sa valeur $5s+3$, on aura

$$u=\frac{30s+18-3}{5}=6s+3:$$

et puisqu'on a trouvé

$$x=\frac{11u+3}{6},$$

en mettant pour u sa valeur, on aura

$$x=\frac{66s+33+3}{6}=11s+6:$$

enfin, puisqu'on a trouvé

$$y=\frac{17x-542}{11},$$

en substituant pour x sa valeur, on aura

$$y=\frac{187s+102-542}{11}=17s-40;$$

ainsi les valeurs correspondantes de x et de y sont

$$x=11s+6, \quad \text{et} \quad y=17s-40.$$

Par la première, on est libre de prendre pour s tel nombre entier qu'on voudra ; mais la seconde ne permet pas de prendre s plus petit que 3 ; en effet y devant être positif, il faut que $17s$ soit plus grand que 40, ou que s soit plus grand que $\frac{40}{17}$, c'est-à-dire plus grand que **2**.

6

On peut donc satisfaire à cette question d'une infinité de manières différentes, qu'on aura toutes en mettant dans les valeurs de x et de y, au lieu de s, tous les nombres entiers positifs imaginables depuis 3 jusqu'à l'infini ; ainsi posant successivement $s = 3$, $s = 4$, $s = 5$, $s = 6$, $s = 7$, etc., on aura les valeurs correspondantes de x et de y comme il suit :

$$x = 39 \qquad y = 11$$
$$= 50 \qquad = 28$$
$$= 61 \qquad = 45$$
$$= 72 \qquad = 62$$
$$= 83 \qquad = 79, \text{ etc.}$$

dont chacune est telle qu'en donnant le nombre de pièces de 17 fr. désigné par x, et recevant le nombre correspondant de pièces de 11 fr. désigné par y, on payera 542 fr.

QUESTION II. *Faire* 741 *francs en* 41 *pièces, de trois espèces ; savoir : de* 24 *francs, de* 19 *francs et de* 10 *francs.*

Soient x, y et z les nombres de pièces de chacune de ces trois espèces ; puisqu'on veut en tout 41 pièces, on aura

1°
$$x + y + z = 41 ;$$

2° Chaque pièce de la première espèce valant 24 fr., le nombre x des pièces vaudra x fois 24 fr. ou $24x$; par la même raison y pièces de la seconde espèce vaudront $19y$, et z pièces de la troisième espèce vaudront $10z$; ainsi les valeurs réunies des trois nombres de pièces différentes, monteront à

$$24x + 19y + 10z ;$$

et comme elles doivent monter à 741 fr. on aura

$$24x + 19y + 10z = 741.$$

Je prends, dans chacune de ces équations, la valeur d'une même inconnue, peu importe laquelle, de x par exemple, et j'ai

$$x = 41 - y - z ,$$

et
$$x = \frac{741 - 19y - 10z}{24} ;$$

j'égale ces deux valeurs, et j'ai

$$41 - y - z = \frac{741 - 19y - 10z}{24} ,$$

où chassant le dénominateur,

$$984 - 24y - 24z = 741 - 19y - 10z ;$$

transposant et réduisant, on a

$$243 = 5y + 14z.$$

Je prends maintenant la valeur de y qui a le plus petit coefficient, et j'ai

$$y = \frac{243 - 14z}{5} = 48 - 2z + \frac{3 - 4z}{5} \, ;$$

or y et z devant être des nombres entiers, il faut que $\dfrac{3 - 4z}{5}$ soit un nombre entier : soit donc t ce nombre entier; on aura

$$\frac{3 - 4z}{5} = t, \quad \text{ou} \quad 3 - 4z = 5t \, ;$$

donc

$$z = \frac{3 - 5t}{4} = -t + \frac{3 - t}{4} \, ;$$

il faut donc que $\dfrac{3 - t}{4}$ soit un nombre entier : soit u ce nombre;

on aura

$$\frac{3 - t}{4} = u, \quad \text{ou} \quad 3 - t = 4u,$$

et par conséquent $\quad t = 3 - 4u.$

Remontons maintenant aux valeurs de y, z et x.

Puisqu'on vient de trouver

$$z = \frac{3 - 5t}{4},$$

on aura en mettant pour t sa valeur,

$$z = \frac{3 - 15 + 20u}{4} = \frac{20u - 12}{4} = 5u - 3,$$

et puisqu'on a trouvé

$$y = \frac{243 - 14z}{5} \, ;$$

en mettant pour z sa valeur, on aura

$$y = \frac{243 - 70u + 42}{5} = \frac{285 - 70u}{5} = 57 - 14u.$$

Enfin, puisqu'on a trouvé

$$x = 41 - y - z,$$

on aura $\quad x = 41 - 57 + 14u - 5u + 3 = 9u - 13.$

En sorte que les valeurs correspondantes de x, y et z, sont

$$x = 9u - 13, \quad y = 57 - 14u, \quad \text{et} \quad z = 5u - 3,$$

dans lesquelles on peut mettre pour u tel nombre entier qu'on voudra, pourvu qu'il en résulte des nombres positifs pour x, y et z : or, cette condition emporte ces trois autres : 1° que $9u$ soit plus grand que 13 ; ou que u soit plus grand que $\frac{13}{9}$ ou $1\frac{4}{9}$; 2° que 57 soit plus grand que $14u$, ou que u soit plus petit que $\frac{57}{14}$, c'est à dire plus petit que $4\frac{1}{14}$; 3° enfin que $5u$ soit plus grand que 3, ou u plus grand que $\frac{3}{5}$, ce qui ne peut manquer d'arriver, dès qu'on observera la première condition ; ainsi le nombre des solutions est donc très-limité, et se réduit à trois que l'on trouve en donnant à u pour valeurs les nombres 2, 3 et 4, qui sont les seuls que l'état de la question admette. On ne peut donc faire 741 fr. en 41 pièces des trois espèces proposées, qu'en prenant les nombres de pièces marquées ci-dessous, et qu'on trouve en mettant pour u les nombres 2, 3 et 4 successivement dans chacune des valeurs de x, y et z :

x	y	z
5	29	7
14	15	12
23	1	17

Dans le cours des divisions que l'on fait pour réduire la valeur de l'indéterminée à un nombre entier, rien n'oblige à prendre le quotient plutôt au-dessous de sa véritable valeur qu'au-dessus. Il est même quelquefois plus expéditif de le prendre de cette dernière manière.

Par exemple, si j'avais l'équation

$$19y = 52x + 139,$$

au lieu d'en conclure

$$y = 2x + 7 + \frac{14x + 6}{19},$$

en prenant $2x$ pour valeur du quotient de $52x$ divisé par 19 en nombres entiers, je conclurais

$$y = 3x + 7 + \frac{6 - 5x}{19}$$

en prenant plutôt $3x$ pour quotient, parce que ce quotient est plus approchant, et que l'excédant $5x$, dont je tiens compte en lui donnant le signe —, a un coefficient plus petit, ce qui ne peut manquer d'abréger le calcul. Je fais ensuite

$$\frac{6-5x}{19}=u,$$

et j'en conclus
$$x=\frac{6-19u}{5},$$

et par la même raison,
$$x=1-4u+\frac{1+u}{5}.$$

Faisant
$$\frac{1+u}{5}=t,$$

j'ai enfin
$$u=5t-1;$$

ce qui achève la solution plus promptement que si j'avais pris chaque quotient au-dessous de sa véritable valeur. Si on remonte comme ci-dessus aux valeurs de x et de y, on trouvera

$$x=5-19t, \quad \text{et} \quad y=21-52t,$$

qui en donnant à t pour valeurs tous les nombres négatifs depuis zéro, donneront toutes les solutions positives de l'équation.

DES ÉQUATIONS DU SECOND DEGRÉ A UNE SEULE INCONNUE.

94. On appelle *équation du second degré* celles dans lesquelles la plus haute puissance de l'inconnue est cette même inconnue multipliée par elle-même, ou élevée à son carré. Ainsi l'équation $5x^2=125$ est une équation du second degré, parce que dans le terme $5x^2$ la quantité x est multipliée par elle-même.

95. Lorsque l'équation ne renferme d'autre puissance de l'inconnue que le carré, elle est toujours facile à résoudre : il suffit dè dégager le carré de l'inconnue de tout ce qui peut le multiplier ou le diviser, ou des quantités qui peuvent se trouver jointes avec lui par les signes $+$ ou $-$, ce qui se fait par les règles données (**56, 60** et **64**); après quoi il n'y a plus qu'à tirer la racine carrée de chaque membre.

Par exemple, de l'équation

$$5x^2=125,$$

je conclus, en divisant par 5,

$$x^2 = \tfrac{125}{5} = 25,$$

et tirant la racine carrée de chaque membre,

$$x = 5:$$

car il est évident que si deux quantités sont égales, leurs racines carrées seront aussi égales, et il est également clair que x est la racine carrée de x^2.

Pareillement si j'ai l'équation

$$\tfrac{5}{3} x^2 = \tfrac{4}{5} x^2 + 7;$$

je chasse les fractions, et j'ai

$$25x^2 = 12x^2 + 105;$$

transposant, $\qquad 25x^2 - 12x^2 = 105,$

ou $\qquad\qquad\qquad 13x^2 = 105;$

divisant par 13, $\qquad x^2 = \tfrac{105}{13};$

donc $\qquad\qquad\qquad x = \sqrt{\tfrac{105}{13}};$

ce signe $\sqrt{\ }$ marque qu'on doit tirer la racine carrée.

Lorsqu'on doit tirer la racine carrée de la fraction, comme dans le cas présent, on fait descendre les jambes du signe $\sqrt{\ }$ (qu'on appelle *signe radical*) au-dessous de la barre qui sépare les deux termes de la fraction. Mais si l'on n'avait à représenter que la racine carrée de l'un ou de l'autre des deux termes de la fraction, le radical serait tout entier au-dessus ou au-dessous de la barre de division; ainsi pour marquer qu'on veut diviser par 3 la racine carrée de 40, on écrirait $\dfrac{\sqrt{40}}{3}$.

Si la quantité dont on doit tirer la racine carrée était complexe, on donnerait au radical une queue qui recouvrît toute la quantité; par exemple, pour marquer la racine carrée de $3ab + b^2$, on écrirait $\sqrt{3ab + b^2}$. Quelquefois aussi, sans donner une queue au radical, on renferme la quantité complexe entre deux crochets, qu'on fait précéder du signe $\sqrt{\ }$, en cette manière $\sqrt{(3ab + b^2)}$.

96. Nous avons vu (**24**) que lorsque le multiplicande et le multiplicateur avaient tous deux le même signe, le produit avait toujours le signe $+$. Cela étant, lorsqu'on a à tirer la racine carrée d'une quantité qui a le signe $+$, on doit indifféremment donner à cette racine carrée le signe $+$ ou le signe $-$; ainsi dans l'équation précédente $x^2 = 25$, on peut, lorsqu'on tire la racine carrée, dire également qu'elle est $+5$ et qu'elle est -5, parce que chacun de ces nombres multiplié par lui-même reproduit toujours $+25$; en sorte que la résolution de l'équation $x^2 = 25$ s'écrit ainsi $x = \pm 5$, ce qui se prononce en disant x *égale plus ou moins* 5, et équivaut à ces deux équations $x = +5$ et $x = -5$.

Pareillement pour la seconde équation ci-dessus, on écrirait $x = \pm \sqrt{\frac{105}{13}}$ *.

97. Lorsqu'on a à tirer la racine carrée d'une quantité précédée du signe $-$, on couvre le tout du radical, que l'on fait aussi précéder du double signe $\pm$; ainsi si l'on avait $x^2 = -4$, on écrirait $x = \pm \sqrt{-4}$; et quoiqu'on puisse tirer la racine carrée de 4, qui est 2, il ne faudrait pas écrire $x = \pm 2$: il est essentiel ici de faire attention au signe $-$ de la quantité qui est sous le radical.

98. Lorsqu'une équation conduit ainsi à tirer la racine carrée d'une quantité négative, on peut conclure que le problème qui a conduit à cette équation est impossible : en effet, une quantité négative ne peut avoir de racine carrée, ni exactement, ni par approximation ; car il n'y a aucune quantité soit positive, soit négative, qui étant multipliée par elle-même puisse produire une quantité négative : il est bien vrai que -4, par exemple, peut être considéré comme venant de $+2$ multiplié par -2 ; mais ces deux quantités ayant un signe différent ne sont point égales, et par conséquent leur produit n'est pas un carré. Ainsi lorsqu'on propose de tirer la racine carrée

---

* On pourrait demander ici pourquoi nous ne donnons pas aussi le double signe $\pm$ au premier membre. La réponse est qu'on le peut ; mais cela ne mène à rien de nouveau. En effet, si l'on écrit $\pm x = \pm 5$, on en tire ces quatre équations

$$+x = +5, \quad +x = -5, \quad -x = +5, \quad -x = -5.$$

La dernière, en changeant les signes, revient à la première. Il en est de même de la troisième, relativement à la seconde.

Il faut se garder de considérer la valeur de x dans la première équation $x = 5$, comme étant la même que dans la seconde $x = -5$, quoique ces deux valeurs soient exprimées par le même caractère ou la même lettre x. Cette lettre x est un signe par lequel on représente la quantité que l'on cherche ; et il peut désigner des quantités différentes.

d'une quantité négative, on propose une chose absurde; donc tout problème qui se réduira à une pareille opération sera un problème impossible. C'est à ce caractère qu'on distingue l'impossibilité des questions du second degré.

Au reste, il ne faut pas pour cela regarder comme inutile la considération des racines carrées des quantités négatives : il arrive assez souvent qu'une question, quoique possible, n'admet de solution que par le concours de pareilles quantités dans lesquelles à la fin ce qu'il y a d'absurde disparaît. On appelle ces sortes de quantités, *quantités imaginaires*. Ainsi $\sqrt{-a}$ est une quantité imaginaire, $a+\sqrt{-b}$ est une quantité imaginaire.

99. Ce que nous venons de dire suffit pour la résolution des équations du second degré, lorsqu'il n'y a pas d'autres puissances de x que le carré. Mais outre le carré de l'inconnue, il peut encore y avoir (et cela arrive le plus souvent) la première puissance de l'inconnue multipliée ou divisée par quelque quantité connue, comme dans cette équation $x^2-4x=12$. Alors l'artifice qu'on doit employer pour résoudre l'équation consiste à préparer le premier membre de manière à en faire un carré parfait : cette préparation suppose avant tout trois choses : 1° qu'on ait passé dans un seul membre tous les termes affectés de x, et les quantités connues dans l'autre; cela s'exécute par ce qui a été dit (**56**); 2° que le terme qui renferme x^2 soit positif; s'il avait le signe —, on changerait tous les signes de l'équation, ce qui ne troublerait point l'égalité; 3° que le terme qui renferme x^2 soit libre de tout multiplicateur ou de tout diviseur; s'il n'était point dans cet état, on l'y amènerait en multipliant tous les autres termes de l'équation par ce diviseur, et en les divisant par le multiplicaeur. Par exemple si j'avais à résoudre l'équation

$$4x-\tfrac{3}{5}x^2=4-2x,$$

1° je passerais tous les x dans le premier membre, en écrivant le terme x^2 le premier, et j'aurais

$$-\tfrac{3}{5}x^2+4x+2x=4 \quad \text{ou} \quad -\tfrac{3}{5}x^2+6x=4;$$

2° je changerais les signes pour rendre x^2 positif, et j'aurais

$$\tfrac{3}{5}x^2-6x=-4;$$

3° je multiplierais par 5, ce qui me donnerait

$$3x^2 - 30x = -20\,;$$

enfin je diviserais par 3, et j'aurais

$$x^2 - 10x = -\tfrac{20}{3}.$$

Comme on peut toujours ramener à cet état toute équation du second degré, nous ne nous occuperons actuellement que d'une équation préparée de cette manière.

100. Cela posé, pour résoudre une équation du second degré il faut suivre cette règle :

Prenez la moitié de la quantité connue qui multiplie x dans le second terme : élevez cette moitié au carré, et ajoutez ce carré à chaque membre de l'équation, ce qui ne changera rien à l'égalité. Le premier membre sera alors un carré parfait. Tirez la racine carrée de chaque membre, et faites précéder celle du second membre du double signe $\pm$; l'équation sera réduite au premier degré.

Quant à la manière de tirer la racine carrée du premier membre, on tirera la racine carrée du carré de l'inconnue, et celle du carré qu'on a ajouté : on joindra cette seconde à la première, par le signe qu'aura le second terme de l'équation.

Par exemple, ayant l'équation

$$x^2 + 6x = 16,$$

je prends la moitié de la quantité connue 6, qui multiplie x dans le second terme : je carre cette moitié et j'ajoute à chaque membre le carré 9, j'ai

$$x^2 + 6x + 9 = 25\,;$$

il ne s'agit plus que de tirer la racine carrée, ce que je fais en prenant la racine carrée de x^2 qui est x, puis celle de 9 qui est 3 ; et comme le second terme $6x$ de l'équation a le signe $+$, j'en conclus que $x + 3$ est la racine carrée du premier membre. Quant à celle du second elle est 5, ou plutôt (**96**) ± 5 ; par conséquent

$$x + 3 = \pm 5.$$

Pour avoir x, il ne s'agit plus que de transposer, et l'on aura

$$x = \pm 5 - 3\,;$$

c'est-à-dire, que x a deux valeurs, savoir

$$x = +5 - 3 = 2 \quad \text{et} \quad x = -5 - 3 = -8.$$

Nous verrons ci-après ce que signifie cette seconde valeur.

Pour entendre la raison de cette règle, il faut se rappeler ce que nous avons remarqué (**25**), savoir que le carré d'une quantité composée de deux termes contient toujours le carré du premier terme, le double du premier terme multiplié par le second, et le carré du second.

Cela posé, lorsqu'il s'agit d'ajouter à une quantité, telle que $x^2 + 6x$, ce qui est nécessaire pour en faire un carré parfait, il faut remarquer 1° que cette quantité contient déjà un carré x^2 qu'on peut considérer comme le carré du premier terme x d'un binome; 2° qu'on peut toujours considérer le terme suivant $6x$, comme étant le double de x multiplié par une autre quantité; 3° que cette autre quantité est nécessairement la moitié de **6**, multiplicateur de x. Il ne manque donc plus que le carré de cette seconde quantité, c'est-à-dire le carré de la moitié du multiplicateur de x dans le second terme. On voit que ce raisonnement est général, quel que soit le multiplicateur de x.

Quant à la règle que nous donnons en même temps pour extraire la racine carrée du premier membre, elle est également une suite de la formation du carré; puisque les deux carrés extrêmes qui se trouvent dans le carré d'un binome étant les carrés des deux termes de la racine, il est évident qu'il ne s'agit que de tirer séparément les racines de ces deux carrés pour avoir ces deux termes. Mais on doit donner au second terme de la racine le même signe qu'a le second terme de l'équation, parce que de même que le calcul fait voir que le carré de $a + b$ est $a^2 + 2ab + b^2$, de même il fait voir que le carré de $a - b$ est $a^2 - 2ab + b^2$.

**APPLICATION DE LA RÈGLE PRÉCÉDENTE A LA RÉSOLUTION
DE QUELQUES QUESTIONS DU SECOND DEGRÉ.**

101. De quelque degré que doive être l'équation il faut toujours, pour mettre la question en équation, faire usage de la règle que nous avons donnée (**67**).

QUESTION I. *Trouver un nombre tel que si à son carré on ajoute 8 fois ce même nombre, le tout fasse 33.*

Si je connaissais ce nombre, que j'appelle x, il est évident que j'en prendrais le carré x^2; qu'à ce carré, j'ajouterais 8 fois ce nombre, c'est-à-dire $8x$, et que le tout x^2+8x formerait 33; il faut donc que

$$x^2+8x=33.$$

Pour résoudre cette équation, j'ajoute à chaque membre le nombre 16, qui est le carré de la moitié du nombre 8 qui multiplie x dans le second terme, et j'ai

$$x^2+8x+16=49,$$

équation dont le premier membre est un carré parfait. Je tire la racine carrée de chaque membre, en observant la règle donnée (**100**), et j'ai

$$x+4=\pm7;$$

par conséquent $\qquad x=\pm7-4,$

qui donne ces deux valeurs de x,

$$x=+7-4=3 \quad \text{et} \quad x=-7-4=-11.$$

De ces deux valeurs, la première satisfait à la question, puisque 9 qui est le carré de 3, étant ajouté à 8 fois 3 ou 24, fait 33. A l'égard de la seconde, comme elle est négative, elle indique qu'il y a une autre question dans laquelle prenant x dans un sens tout contraire, la solution serait 11; c'est-à-dire que la seconde valeur de x doit satisfaire à cette autre question: *Trouver un nombre tel que si de son carré, on retranche 8 fois ce même nombre, le reste soit 33* : ce qui est en effet; car le carré de 11 est **121**, et 8 fois 11 font 88, lesquels retranchés de 121, il reste 33.

Pour confirmer ce que nous avons dit sur les quantités négatives (**70**), remarquons que cette seconde question mise en équation donne

$$x^2-8x=33,$$

laquelle étant résolue selon la règle, donne

$$x=\pm7+4;$$

c'est-à-dire ces deux valeurs,

$$x=11 \quad \text{et} \quad x=-3,$$

qui sont précisément le contraire de celles de la première question.

102. On voit par là qu'une équation du second degré, à une seule inconnue, a toujours deux solutions. Car les deux valeurs 11 et — 3 substituées au lieu de x dans l'équation $x^2 - 8x = 33$ la résolvent également, c'est-à-dire réduisent également le premier membre à 33. On vient de le voir pour 11. A l'égard de — 3, son carré est $+ 9$; et 8 fois — 3 font — 24, qui, retranchés de $+ 9$, donnent $+ 9 + 24$, selon ce qui a été enseigné (**11**).

Mais on voit en même temps que si toute équation du second degré a deux solutions, il n'en est pas toujours de même de la question qui a conduit à cette équation ; car, dans le cas présent, la seconde valeur — 3 ne résout que la question contraire. Au reste, il arrive souvent que les deux solutions de l'équation sont aussi toutes deux solutions de la question. Nous en verrons un exemple dans la troisième question.

QUESTION II. *On devait partager 175 francs entre un certain nombre de personnes ; mais il y en a deux d'absentes et qui, par cette raison, ne doivent pas avoir part. Cette circonstance augmente de 10 francs la part de chaque présent ; on demande combien il devait d'abord y avoir de partageants.*

Si je savais quel est ce nombre, je diviserais 175 par ce nombre, pour connaître combien chacun aurait eu, si toutes les personnes eussent été présentes. Je diviserais ensuite par ce même nombre diminué de deux, pour connaître combien chaque partageant aura réellement; enfin je verrais si en ôtant 10 francs de ce second quotient, le reste est égal au premier. Imitons ces opérations, en représentant par x le nombre cherché.

Si tous étaient présents, chacun aurait donc $\dfrac{175}{x}$; mais s'il manque deux personnes, chaque partageant aura $\dfrac{175}{x-2}$; puis donc que ce dernier nombre doit être plus grand de 10 que le premier, il faut que

$$\frac{175}{x-2} - 10 = \frac{175}{x}.$$

Pour résoudre cette équation, je chasse les dénominateurs; et selon la remarque faite (**66**), j'écris

$$175x - 10(x-2)x = 175(x-2),$$

puis faisant les opérations indiquées, j'ai

$$175x - 10xx + 20x = 175x - 350;$$

supprimant $175x$ de part et d'autre, puis changeant les signes (**99**), on a

$$10xx - 20x = 350;$$

enfin, en divisant par 10, il vient

$$xx - 2x = 35,$$

équation à laquelle il ne s'agit plus que d'appliquer la règle donnée (**100**). Je prends donc la moitié -1 du multiplicateur -2 de x. Je carre cette moitié, ce qui me donne $+1$, que j'ajoute à chaque membre, et j'ai

$$x^2 - 2x + 1 = 36;$$

tirant la racine carrée, j'ai

$$x - 1 = \pm 6,$$

et par conséquent $\qquad x = \pm 6 + 1,$

qui donne $\qquad x = 7 \quad$ et $\quad x = -5.$

La première est le nombre cherché ; car 175 divisé par 7, donne 25 ; et 175 divisé par 7—2 ou 5 donne 35, qui excède 25 de 10. Quant à la seconde, elle résout la question où l'on supposerait qu'il s'agit de partager 175 francs avec deux nouveaux survenus, et que cette circonstance diminue de 10 francs la part que chacun aurait eue sans cela

QUESTION III. *Un homme achète un cheval, qu'il vend au bout de quelque temps pour 24 pièces d'or. A cette vente il perd autant pour cent que le cheval lui avait coûté. On demande combien il l'avait acheté.*

Si l'on me disait ce que le cheval a coûté, je vérifierais ce nombre en cette manière. Je le retrancherais de 100, et je ferais cette règle de trois. Si 100 se réduisent au nombre que vient de me donner la soustraction, à combien le nombre prétendu doit-il se réduire? Ayant trouvé ce quatrième terme, il devrait être égal à 24.

Nommons donc x le nombre cherché, c'est-à-dire le nombre de pièces d'or que le cheval a coûté. Alors, puisque 100 sont supposés se réduire à $100 - x$, je trouverai à combien x doit être réduit en faisant cette règle de trois, $100 : 100 - x :: x :$; le quatrième terme sera (*Arithm.*, **179**)

$$\frac{(100 - x)x}{100} \quad \text{ou} \quad \frac{100x - xx}{100} ;$$

puis donc qu'on suppose que le prix du cheval a été réduit à 24 pièces d'or, il faut que

$$\frac{100x - xx}{100} = 24.$$

Pour résoudre cette équation, je chasse le dénominateur, et j'ai

$$100x - xx = 2400 ;$$

ou en changeant les signes

$$xx - 100x = -2400.$$

Je prends donc (**100**) la moitié de -100 qui est -50 ; je l'élève au carré, ce qui me donne $+2500$ à ajouter à chaque membre. L'équation devient

$$xx - 100x + 2500 = 2500 - 2400 = 100 ;$$

tirant la racine carrée, j'ai

$$x - 50 = \pm 10,$$

et par conséquent, $\quad x = 50 \pm 10,$

qui donne ces deux valeurs

$$x = 60 \quad \text{et} \quad x = 40,$$

dont chacune résout la question ; en sorte que le prix du cheval peut également avoir été de 60 ou de 40 pièces d'or ; l'énoncé de la question n'est pas suffisant pour déterminer lequel de ces deux prix a eu lieu. Si l'on veut vérifier ces deux solutions, on verra qu'en supposant que le cheval a été acheté 60 pièces d'or, puisqu'alors 100 se réduisent à 40, 60 se réduiront à 24. Et dans le second cas, on verra de même que 100 se réduisant à 60, 40 se réduiront à 24.

103. Dans les questions précédentes, l'équation a eu deux solutions, l'une positive, l'autre négative. Dans la dernière, elle en a deux positives. Elle peut en avoir aussi deux négatives. Mais cela n'arrive que lorsque l'énoncé de la question est vicieux ; car alors chacune de ces deux solutions négatives indique (**70**) que l'inconnue doit être prise dans un sens tout opposé à celui de l'énoncé. Par exemple, si l'on proposait cette question : Trouver un nombre tel que si à son carré on ajoute neuf fois ce même nombre, et encore le nombre 50, le tout fasse 30 ; cette question mise en équation donnerait

$$x^2 + 9x + 50 = 30,$$

qui, en suivant les règles données plus haut, deviendrait successivement

$$x^2 + 9x = -20,$$
$$x^2 + 9x + \tfrac{81}{4} = \tfrac{81}{4} - 20 = \tfrac{1}{4} ;$$

tirant la racine carrée $x + \tfrac{9}{2} = \pm \tfrac{1}{2},$

qui donne $x = -\tfrac{9}{2} + \tfrac{1}{2} = -4,$

et $x = -\tfrac{9}{2} - \tfrac{1}{2} = -5.$

Ce qui indique que la question doit être changée en cette autre : Trouver un nombre tel que, si après avoir ajouté 50 à son carré, on retranche du tout 9 fois ce même nombre demandé, il reste 30.

104. L'algèbre a donc cet avantage, que non-seulement elle résout les questions, mais qu'elle fait encore distinguer si elles sont bien ou mal proposées ; et si elles sont impossibles, elle le fait connaître aussi ; nous en avons déjà donné le caractère (**98**). Si l'on en veut un exemple, il n'y a qu'à résoudre la question III, en y supposant 26 pièces d'or au lieu de 24. L'équation sera

$$\frac{100x - xx}{100} = 26,$$

ou $100x - xx = 2600,$

ou $xx - 100x = -2600,$

qui, selon la règle (**100**), devient

$$xx - 100x + 2500 = 2500 - 2600 = -100;$$

tirant la racine carrée

$$x - 50 = \pm \sqrt{-100},$$

et enfin $x = 50 \pm \sqrt{-100};$

or, nous avons vu (**98**) que la racine carrée d'une quantité négative est impossible.

QUESTION IV. *Deux individus se sont réunis dans un commerce : l'un a mis 30 francs qui ont resté 17 mois dans la so-*

ciété. Le second n'a fourni ses fonds qu'au bout de 5 mois, c'est-à-dire qu'ils n'ont été que 12 mois dans la société. Ces fonds que l'on ne connaît point, font, avec le gain qui lui revient, 26 francs. Le gain total a été de 18 francs et $\frac{3}{4}$; on demande ce que le second avait mis, et combien chacun a gagné.

La question se réduit à trouver la mise du second, car il est évident que le gain de chacun sera facile à trouver ensuite. Représentons cette mise ou le nombre de francs de cette mise par x. Puisque les 30 francs du premier ont été 17 mois dans la société, ils doivent lui avoir produit autant que produiraient 17 fois 30 francs ou 510 francs pendant un mois. Pareillement, puisque la mise x du second a été 12 mois dans la société, elle doit lui avoir produit autant que 12 fois x de francs ou $12x$ produiraient pendant un mois; ainsi, on peut regarder la société comme n'ayant duré qu'un mois, mais en supposant que les mises aient été 510 et $12x$; cela étant, pour savoir ce que le second doit gagner, il faut (*Arithm.*, **197**) calculer le quatrième terme de cette proportion

$$510 + 12x : 18\tfrac{3}{4} :: 12x : .$$

Ce quatrième terme sera $\dfrac{12x \times 18\frac{3}{4}}{510 + 12x}$, qui revient à $\dfrac{225x}{510 + 12x}$; or, il est dit dans la question que le gain du second et sa mise x font 26 francs; donc

$$\frac{225x}{510 + 12x} + x = 26.$$

Pour résoudre cette équation, chassons le dénominateur, et nous aurons

$$225x + x(510 + 12x) = 26(510 + 12x),$$

ou, en faisant les multiplications indiquées,

$$225x + 510x + 12xx = 13260 + 312x.$$

Transposant et réduisant, on a

$$12xx + 423x = 13260 ;$$

divisant par 12, $\qquad x^2 + \frac{423}{12} x = \frac{13260}{12},$

qui se réduit à $\qquad x^2 + \frac{141}{4} x = 1105 ;$

prenant donc la moitié de $\frac{141}{4}$, qui est $\frac{141}{8}$; élevant cette moitié au carré, et l'ajoutant à chaque membre, on aura

$$x^2 + \frac{141}{4} x + \frac{19881}{64} = \frac{19881}{64} + 1105 = \frac{90601}{64},$$

en réduisant 1105 en fraction. Tirant donc la racine carrée, on aura

$$x + \tfrac{141}{8} = \pm \sqrt{\frac{90601}{64}} = \pm \tfrac{301}{8};$$

donc

$$x = -\tfrac{141}{8} \pm \tfrac{301}{8};$$

qui donne pour la seule valeur qui satisfasse à la question,

$$x = \frac{-141 + 301}{8} = \frac{160}{8} = 20;$$

la mise du second était donc de 20 francs; par conséquent son gain était de 6, et celui du premier de $12\tfrac{3}{4}$.

105. A l'égard des équations littérales, la règle est absolument la même. Si l'on avait à résoudre l'équation

$$abx - axx = b^2c;$$

conformément à ce qui a été dit (**99** et **100**), je changerais cette équation en

$$axx - abx = -b^2c,$$

puis en

$$xx - bx = -\frac{b^2c}{a};$$

j'ajouterais à chaque membre le carré de $-\dfrac{b}{2}$; c'est-à-dire, $+\dfrac{bb}{4}$, et j'aurais

$$xx - bx + \frac{bb}{4} = \frac{bb}{4} - \frac{b^2c}{a};$$

tirant la racine carrée, j'ai

$$x - \frac{b}{2} = \pm \sqrt{\frac{bb}{4} - \frac{b^2c}{a}},$$

et enfin

$$x = \frac{b}{2} \pm \sqrt{\frac{bb}{4} - \frac{b^2c}{a}}.$$

106. Lorsque l'équation est littérale, elle peut se présenter sous une forme plus composée que nous ne l'avons vu jusqu'ici; mais on peut toujours la ramener à trois termes en cette manière. Soit l'équation

$$ax^2 + bcx - a^2b = bx^2 - ab^2 - acx.$$

Je fasse dans un seul membre tous les termes affectés de x,

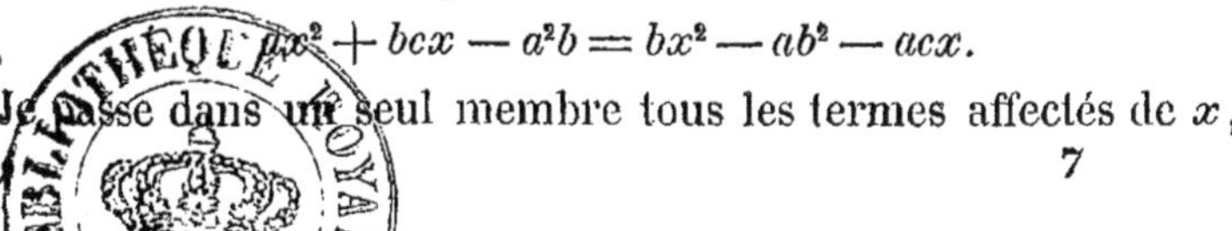

7

en observant d'écrire de suite tous ceux qui ont les mêmes puissances de x, et j'ai

$$ax^2 - bx^2 + bcx + acx = a^2b - ab^2.$$

Je remarque, à présent, que $ax^2 - bx^2$ n'est autre chose que $(a - b) \times x^2$, ou $(a - b) x^2$; pareillement $bcx + acx$ n'est autre chose que $(bc + ac) x$, en sorte que l'équation

$$ax^2 - bx^2 + bcx + acx = a^2b - ab^2$$

peut s'écrire ainsi :

$$(a - b) x^2 + (bc + ac) x = a^2b - ab^2;$$

or les quantités a, b, c étant des quantités connues, on doit regarder $a - b$, $bc + ac$ et $a^2b - ab^2$, comme des quantités toutes connues; on peut donc, pour abréger, représenter chacune de ces quantités par une seule lettre, et supposer

$$a - b = m, \quad bc + ac = n, \quad a^2b - ab^2 = p,$$

et alors l'équation est réduite à

$$mx^2 + nx = p,$$

qui est dans le cas des précédentes, et qui, étant résolue suivant les mêmes règles, deviendra successivement

$$x^2 + \frac{n}{m} x = \frac{p}{m},$$

puis

$$x^2 + \frac{n}{m} x + \frac{n^2}{4m^2} = \frac{n^2}{4m^2} + \frac{p}{m}$$

(en ajoutant le carré de la moitié de $\frac{n}{m}$, c'est-à-dire de $\frac{n}{2m}$); tirant la racine carrée,

$$x + \frac{n}{2m} = \pm \sqrt{\frac{n^2}{4m^2} + \frac{p}{m}},$$

enfin

$$x = \frac{-n}{2m} \pm \sqrt{\frac{n^2}{4m^2} + \frac{p}{m}}.$$

107. Au reste on ne fait ces sortes de transformations que lorsque le calcul qu'on aurait à faire sans elles serait très-composé; car dans ce même exemple, après avoir mis l'équation proposée sous la forme

$$(a - b) x^2 + (bc + ac) x = a^2b - ab^2,$$

on peut la traiter, sans trop de calcul, comme les précédentes, en divisant d'abord par $a - b$, ce qui donne

$$x^2 + \frac{bc + ac}{a - b}\, x = ab;$$

maintenant il faut ajouter de part et d'autre le carré de la moitié de $\dfrac{bc + ac}{a - b}$, c'est-à-dire le carré de $\dfrac{bc + ac}{2a - 2b}$; mais on peut se contenter de l'indiquer en cette manière $\left(\dfrac{bc + ac}{2a - 2b}\right)^2$; ainsi on aura

$$x^2 + \frac{bc + ac}{a - b}\, x + \left(\frac{bc + ac}{2a - 2b}\right)^2 = \left(\frac{bc + ac}{2a - 2b}\right)^2 + ab;$$

tirant la racine carrée, on aura

$$x + \frac{bc + ac}{2a - 2b} = \pm \sqrt{\left(\frac{bc + ac}{2a - 2b}\right)^2 + ab},$$

et enfin $\quad x = \dfrac{-bc - ac}{2a - 2b} \pm \sqrt{\left(\dfrac{bc + ac}{2a - 2b}\right)^2 + ab}.$

108. Quoiqu'on puisse, lorsqu'on a conclu la valeur de x, laisser le radical dans l'état où il est jusqu'à ce qu'on vienne aux applications numériques; néanmoins il peut être souvent utile de lui donner une forme plus simple, en réduisant au même dénominateur les deux parties qui se trouvent sous ce radical. Sur quoi il faut observer qu'on peut souvent les réduire au même dénominateur d'une manière plus simple que par la règle générale donnée (**47**); et cela en se conformant aux observations que nous avons faites (**48**). Prenons pour exemple $\sqrt{\dfrac{n^2}{4m^2} + \dfrac{p}{m}}$: pour réduire à un même dénominateur les deux quantités $\dfrac{n^2}{4m^2}$ et $\dfrac{p}{m}$, j'observe que leurs dénominateurs actuels ont un facteur commun m, et que par conséquent si je multipliais les deux termes de la fraction $\dfrac{p}{m}$ par $4m$, qui est le second facteur du premier dénominateur, alors elle aurait le même dénominateur que cette première fraction; c'est pourquoi je change

$$\sqrt{\frac{n^2}{4m^2} + \frac{p}{m}} \quad \text{en} \quad \sqrt{\frac{n^2 + 4pm}{4m^2}};$$

or comme le radical marque qu'il faut tirer la racine carrée de la fraction, c'est-à-dire (*Arith.*, **142**) du numérateur et du dénominateur, je tire celle du dénominateur qui est un carré, et j'ai $\dfrac{\sqrt{n^2 + 4pm}}{2m}$; ainsi dans l'équation ci-dessus, où nous avons trouvé

$$x = \frac{-n}{2m} \pm \sqrt{\frac{n^2}{4m} + \frac{p}{m}},$$

on peut changer cette valeur de x en cette autre,

$$x = \frac{-n}{2m} \pm \frac{\sqrt{n^2 + 4pm}}{2m};$$

ou (à cause du dénominateur commun $2m$) en cette autre,

$$x = \frac{-n \pm \sqrt{n^2 + 4pm}}{2m}.$$

DE L'EXTRACTION DE LA RACINE CARRÉE DES QUANTITÉS LITTÉRALES.

109. La résolution des équations du second degré conduit donc, comme nous venons de le voir, à extraire la racine carrée des quantités, soit numériques soit littérales. Nous n'avons rien à ajouter à ce que nous avons dit des premières en arithmétique. Nous allons parler des dernières.

Lorsqu'il a été question de la multiplication des quantités monomes (**18**), nous avons dit que le produit renfermait toutes les lettres du multiplicande et toutes celles du multiplicateur; or, lorsqu'on élève une quantité au carré, le multiplicande et le multiplicateur sont les mêmes; donc, dans un carré monome, chacune des lettres de la racine doit être deux fois facteur; donc l'exposant de chacune des lettres d'un carré monome doit être double de celui des mêmes lettres dans la racine; donc *pour avoir la racine carrée d'une quantité monome, il faut donner à chacune des lettres de cette quantité un exposant moitié moindre;* suivant cette règle la racine carrée de a^2 est a, celle de a^6 est a^3, celle de $a^2b^2c^2$ est abc, celle de $a^4b^6c^8$ est $a^2b^3c^4$.

110. S'il se trouvait un exposant impair, ce serait donc un signe que la quantité proposée n'est point un carré parfait; alors en suivant la règle il resterait un exposant fractionnaire, qui désignerait qu'il reste à tirer la racine carrée de la quantité qui aurait cet exposant. Ainsi la racine carrée de $a^2b^3c^4$ est $ab^{\frac{3}{2}}c^2$ ou $abb^{\frac{1}{2}}c^2$: car on peut considérer $a^2b^3c^4$ comme $a^2b^2bc^4$.

L'exposant fractionnaire a donc ici le même usage que le signe $\sqrt{}$; ainsi $abb^{\frac{1}{2}}c^2$, ou (ce qui est la même chose) $abc^2b^{\frac{1}{2}}$ équivaut à $abc^2\sqrt{b}$. Donc réciproquement, si une quantité monome est affectée du signe $\sqrt{}$, on pourra supprimer ce radical, pourvu qu'on prenne la moitié de chacun des exposants.

111. Cette remarque sert à simplifier les quantités affectées du signe $\sqrt{}$, lorsque cela est possible. Par exemple la quantité $\sqrt{a^2b^3c}$ étant la même chose que $a^{\frac{2}{2}}b^{\frac{3}{2}}c^{\frac{1}{2}}$, se réduit à $abb^{\frac{1}{2}}c^{\frac{1}{2}}$, ou, en remettant le radical au lieu des exposants fractionnaires, à $ab\sqrt{bc}$. De même $\sqrt{a^5b^4c^3}$ se réduit à $a^2b^2c\sqrt{ac}$, en considérant $a^5b^4c^3$ comme $a^4b^4c^2ac$, et prenant la moitié des exposants 4, 4 et 2. On trouvera de même que $\sqrt{\dfrac{a^3}{f}}$ se réduit à $a\sqrt{\dfrac{a}{f}}$; ou bien si l'on multiplie le numérateur et le dénominateur par f, se réduit à $a\sqrt{\dfrac{af}{f^2}}$, ou enfin à $\dfrac{a}{f}\sqrt{af}$.

112. On voit donc que pour faire sortir hors du radical les facteurs que l'on peut en faire sortir, il faut prendre la moitié des exposants de ces facteurs. Au contraire pour faire entrer sous le radical un facteur qui serait au dehors, il faudra doubler l'exposant de ce facteur, c'est-à-dire élever ce facteur au carré. Ainsi $a\sqrt{b}$ peut être changé en $\sqrt{a^2b}$; $a\sqrt{\dfrac{b}{a}}$ peut être changé en $\sqrt{\dfrac{a^2b}{a}}$, qui se réduit à $\sqrt{ab}$. De même $(a+b)\sqrt{c}$ peut être changé en $\sqrt{(a+b)^2c}$.

113. Jusqu'ici nous n'avons pas eu égard au coefficient. S'il y en avait un, et qu'il fût un carré parfait, on en tirerait la racine carrée selon les règles de l'arithmétique. Ainsi $\sqrt{9a^2b^3}$ devient $3ab\sqrt{b}$. De même $\sqrt{1024a^2b^3c}$ devient $32ab\sqrt{bc}$.

114. Mais si le coefficient n'était point un carré parfait, il faudrait voir s'il ne peut pas être décomposé en deux facteurs dont l'un soit un carré parfait duquel on tirerait la racine, et on laisserait l'autre sous le radical; c'est ainsi que $\sqrt{48a^2b^3}$ se réduit à $4ab\sqrt{3b}$, parce que 48 étant $=16\times 3$,

$$\sqrt{48a^2b^3}=\sqrt{16\times 3a^2b^3}, \quad\text{ou}\quad =\sqrt{16a^2b^2}\times 3b=4ab\sqrt{3b}.$$

On trouvera de même que $\sqrt{512a^3b^2}$ se réduit à $16ab\sqrt{2a}$.

115. Si la quantité affectée du signe radical est complexe et n'est point un carré parfait, il faut examiner si elle ne peut pas être décomposée en deux facteurs, dont l'un serait un carré parfait; alors on tirerait la racine de celui-ci, et on laisserait l'autre sous le radical. Lorsque le facteur carré, s'il y en a, est monome, il est toujours facile à apercevoir. Par exemple, dans la quantité $\sqrt{4a^3b^2-5a^2b^3+6b^5}$, je vois que b^2 est facteur de tous les termes, en sorte que cette quantité équivaut à cette autre $\sqrt{(4a^3-5a^2b+6b^3)\times b^2}$; je tire donc la racine carrée de b^2, et j'ai $b\sqrt{4a^3-5a^2b+6b^3}$.

116. Mais lorsque ce facteur carré doit être complexe, ou lorsque la quantité complexe qui est sous le radical est elle-même un carré, il faut bien se garder, pour en avoir la racine, de tirer séparément la racine carrée de chacun des termes qui la composent. Par exemple si l'on avait a^2+b^2, on se tromperait beaucoup si l'on prenait $a+b$ pour cette racine, puisque le carré de $a+b$ n'est pas a^2+b^2, mais $a^2+2ab+b^2$ (**25**). a^2+b^2 n'a point de racine exacte en lettres. Voici la méthode qu'il faut suivre lorsque la quantité complexe proposée est susceptible d'une racine exacte.

117. Soit donc la quantité $60ab+36a^2+25b^2$. Pour en avoir la racine carrée, j'ordonne les termes de cette quantité par rapport à l'une de ses lettres, par rapport à a par exemple,

$$
\begin{array}{l|l}
36a^2+60ab+25b^2 & 6a+5b \text{ racine.} \\
\underline{-36a^2} & 12a+5b \\
\quad +60ab+25b^2 & \\
\quad \underline{-60ab-25b^2} & \\
\qquad\qquad 0 &
\end{array}
$$

Je prends la racine carrée du premier terme $36a^2$, laquelle est $6a$ que j'écris à côté de la quantité proposée.

Je carre cette racine et j'écris le carré $36a^2$ sous le premier terme avec le signe $-$, pour le retrancher. La réduction faite, il reste $+60ab+25b^2$.

Sous la racine $6a$ j'écris son double $12a$, que j'emploie pour diviser le premier terme $60ab$ de la quantité restante $60ab+25b^2$. Je trouve pour quotient $+5b$, que j'écris à la suite de la racine $6a$, et j'ai $6a+5b$ pour la racine cherchée; mais pour confirmer cette opération, j'écris aussi le quotient $5b$ que je viens de trouver, à côté de $12a$, et je multiplie le total $12a+5b$ par ce même quotient $5b$; je porte à mesure, les produits sous la quantité $60ab+25b^2$, en observant de changer les signes de ces produits; faisant ensuite la réduction, il ne reste rien; j'en conclus que la racine trouvée $6a+5b$ est la racine carrée exacte de $36a^2+60ab+25b^2$.

Prenons pour second exemple la quantité
$$9b^2-12ab+16c^2+4a^2+16ac-24bc.$$

J'ordonne cette quantité par rapport à la lettre a, et j'ai

$$
\begin{array}{ll}
\left.
\begin{array}{l}
4a^2-12ab+16ac+9b^2-24bc+16c^2 \\
-4a^2 \\ \hline
\text{1}^{\text{er}}\ \text{reste}\ -12ab+16ac+9b^2-24bc+16c^2 \\
\qquad +12ab \qquad\quad -9b^2 \\ \hline
\text{2}^{\text{e}}\ \text{reste} \qquad +16ac-24bc+16c^2 \\
\qquad\qquad\quad -16ac+24bc-16c^2 \\ \hline
\text{Dernier reste} \qquad\qquad 0
\end{array}
\right)
&
\begin{array}{l}
2a-3b+4c\ \text{racine} \\ \hline
4a-3b \\[4pt]
4a-6b+4c
\end{array}
\end{array}
$$

Je tire la racine carrée de $4a^2$: elle est $2a$, que j'écris à côté. Je carre $2a$, et je l'écris avec le signe $-$ sous $4a^2$; faisant la réduction il reste $-12ab+16ac+9b^2-24bc+16c^2$.

Au-dessous de la racine $2a$, j'écris son double $4a$, que j'emploie pour diviser le premier terme $-12ab$ du reste : je trouve pour quotient $-3b$, que j'écris à la suite du premier terme $2a$ de la racine : je l'écris aussi à côté du double $4a$, et je multiplie le tout $4a-3b$ par le même quotient $-3b$; écrivant les produits, après avoir changé leurs signes, sous le reste $-12ab+16ac\dots\dots$; et faisant la réduction, j'ai pour second reste $+16ac-24bc+16c^2$.

Je considère à présent les deux termes de la racine $2a-3b$, comme ne faisant qu'une seule quantité; je double cette quantité et je l'écris au-dessous pour servir de diviseur au second reste; mais pour faire cette division je me contente, selon ce qui a été dit (36), de diviser le premier terme $+16ac$ par le premier terme $+4a$ de mon diviseur; je trouve pour quotient $+4c$, que j'écris à la suite de la racine $2a-3b$, et à la suite du double $4a-6b$: je multiplie cette dernière somme $4a-6b+4c$ par le nouveau terme $+4c$ de la racine ; et changeant à mesure les signes des produits, j'écris ces mêmes produits sous le second reste ; faisant la soustraction, il ne reste rien. D'où je conclus que la racine trouvée est exacte.

Tout cela est fondé sur ce principe que le carré d'une quantité composée de deux parties contient le carré de la première, le double de la première multipliée par la seconde, et le carré de la seconde ; car il suit de là que, pour avoir la première partie, il faudra tirer la racine carrée du premier carré ; que, pour avoir la seconde, il faudra diviser le terme suivant par le double de la racine trouvée ; et qu'enfin pour vérifier, il faudra multiplier le double de la première par la seconde, et la seconde par elle-même : or c'est ce que prescrit la méthode que nous venons d'exposer.

Nous invitons les commençants à s'exercer encore sur les trois quantités suivantes :

$1°$ $\qquad\qquad 16a^4+40a^3b+25a^2b^2;$

$2°$ $\qquad 36b^4-60ab^3+25a^2b^2-36b^2c^2+30abc^2+9c^4;$

$3°$ $\qquad a^6-4a^3c^3+8a^3e^3+4c^6-16c^3e^3+16e^6,$

dont ils trouveront que les racines carrées sont

$$4a^2+5ab, \quad 6b^2-5ab-3c^2, \quad a^3-2c^3+4e^3.$$

DU CALCUL DES QUANTITÉS AFFECTÉES DU SIGNE $\sqrt{\ }$.

118. On fait sur les quantités radicales dont nous venons de parler les mêmes opérations que sur les autres quantités. Lorsque les deux quantités radicales ne sont pas semblables, on se contente, pour les ajouter ou les soustraire, de les unir par le signe $+$ ou le signe $-$. Ainsi $3a\sqrt{b}$ ajouté avec $4b\sqrt{c}$, donne $3a\sqrt{b}+4b\sqrt{c}$; de même $3a\sqrt{b}$ retranché de $4b\sqrt{c}$, donne $4b\sqrt{c}-3a\sqrt{b}$. Mais si les quantités radicales sont semblables et ne diffèrent que par le coefficient numérique hors du radical, alors on ajoute ou l'on retranche les coefficients, selon qu'il s'agit d'addition ou de soustraction. Par exemple $4ab\sqrt{c}$, ajouté avec $5ab\sqrt{c}$, donne $9ab\sqrt{c}$.

Nous supposons ici qu'on a réduit les radicaux selon ce qui a été enseigné (**112**) ; car si l'on avait $4b\sqrt{a^3c}$ à ajouter avec $6a\sqrt{ab^2c}$; je commencerais par réduire le premier radical à $4ab\sqrt{ac}$, et le second à $6ab\sqrt{ac}$, lesquels ajoutés donnent $10ab\sqrt{ac}$.

Pour multiplier deux quantités radicales, il faut multiplier comme s'il n'y avait point de radicaux, et affecter ensuite le produit du signe radical. Par exemple pour multiplier $\sqrt{a}$ par $\sqrt{c}$, je multiplierai a par c, et donnant au produit ac le signe $\sqrt{}$, j'aurai $\sqrt{ac}$. Pour multiplier $\sqrt{a^2+b^2}$ par $\sqrt{ac}$, j'aurai $\sqrt{a^3c+ab^2c}$. De même $\sqrt{a}\times\sqrt{a}=\sqrt{a^2}=a$; $\sqrt{a+b}\times\sqrt{a+b}=\sqrt{(a+b)^2}=a+b$; $\sqrt{-a}\times\sqrt{-a}=\sqrt{(-a)^2}=-a^{*}$. On voit donc que pour carrer une quantité affectée du signe $\sqrt{}$, il n'y a autre chose à faire qu'à ôter ce signe; ainsi pour carrer $\sqrt{a^2b+b^3}$, j'aurai a^2b+b^3.

119. Cette remarque peut servir à dégager une équation des signes $\sqrt{}$ qu'elle peut renfermer. Par exemple si j'avais l'équation

$$x-2a=b+\sqrt{ax},$$

je laisserais $\sqrt{ax}$ seul dans un membre, et j'aurais

$$x-2a-b=\sqrt{ax};$$

alors carrant chaque membre, j'aurais

$$x^2-4ax-2bx+4aa+4ab+bb=ax,$$

ou, en transposant,

$$x^2-5ax-2bx=-4aa-4ab-bb.$$

120. Pour diviser une quantité radicale par une autre quantité radicale, on divisera comme s'il n'y avait pas de signe $\sqrt{}$, et on donnera au quotient ou à la fraction le signe radical;

---

* Il ne faut pas confondre $\sqrt{(-a)^2}$ avec $\sqrt{-aa}$; le premier est $\sqrt{-a\times-a}$, et le second est $\sqrt{-a\times+a}$. Nous ferons, à cette occasion, une remarque que nous croyons très à propos. Puisque $-a\times-a$ donne $+a^2$ dont (96) la racine est $\pm a$, $\sqrt{-a}\times\sqrt{-a}$ devrait donc donner $\pm a$; cependant nous ne donnons ici que $-a$. La raison en est simple. Quand on demande quelle est la racine de $+a^2$, on a raison d'assigner également $+a$ et $-a$; parce que rien dans cette question ne détermine si l'on considère $+a^2$ comme venue de $+a\times+a$, ou de $-a\times-a$; mais quand on demande quelle est la valeur de $\sqrt{-a}\times\sqrt{-a}$, quoique cette quantité, selon les règles, se réduise à $\sqrt{+a^2}$, on ne doit prendre que $-a$, parce que la question elle-même fixe ici par quelle opération est venu $+a^2$. C'est en faisant cette attention qu'on remarquera que $\sqrt{-a}\times\sqrt{-b}$ doit donner $-\sqrt{ab}$, et non pas $\pm\sqrt{ab}$; parce que $\sqrt{-a}$ étant la même chose que $\sqrt{a}\times\sqrt{-1}$, et $\sqrt{-b}$ la même chose que $\sqrt{b}.\sqrt{-1}$, $\sqrt{-a}\times\sqrt{-b}$ sera $\sqrt{a}\times\sqrt{b}\times\sqrt{-1}\times\sqrt{-1}$, ou $\sqrt{ab}\times\sqrt{(-1)^2}$, qui revient à $-\sqrt{ab}$, puisque $\sqrt{(-1)^2}=-1$.

ainsi pour diviser $\sqrt{a}$ par $\sqrt{b}$, on divisera a par b, ce qui donnera $\dfrac{a}{b}$, auquel appliquant le radical, on aura $\sqrt{\dfrac{a}{b}}$. Pour diviser $\sqrt{ab}$ par $\sqrt{a}$, on divisera ab par a, ce qui donnera b, et on aura $\sqrt{b}$ pour quotient. Pour diviser $\sqrt{aa-xx}$ par $\sqrt{a+x}$, on divisera $aa-xx$ par $a+x$, ce qui donnera $a-x$, et on aura $\sqrt{a-x}$ pour le quotient demandé. De même $ab\sqrt{bc}$ divisé par $a\sqrt{b}$, donnera $b\sqrt{c}$, en divisant ab par a, et $\sqrt{bc}$ par $\sqrt{b}$.

121. Si le dividende ou le diviseur était rationnel, on séparerait l'un de l'autre par une barre assez longue pour faire connaître que l'un des deux n'est pas affecté du radical. Par exemple pour diviser a par $\sqrt{b}$, on écrirait $\dfrac{a}{\sqrt{b}}$. Pour diviser a par $\sqrt{a}$, on écrirait $\dfrac{a}{\sqrt{a}}$; mais lorsqu'il y a une parité dans les lettres du dividende et du diviseur, il est souvent à propos de donner à la quantité rationnelle une forme de radical, parce qu'elle donne lieu à des simplifications ; ainsi dans le dernier exemple je changerais a en $\sqrt{a^2}$, et alors au lieu de $\dfrac{a}{\sqrt{a}}$ j'aurais $\dfrac{\sqrt{a^2}}{\sqrt{a}}$, et par conséquent $\sqrt{a}$. De même si j'avais $\sqrt{aa-xx}$ à diviser par $a+x$, j'écrirais

$$\frac{\sqrt{aa-xx}}{a+x} \quad \text{ou} \quad \frac{\sqrt{aa-xx}}{\sqrt{(a+x)^2}} \quad \text{ou} \quad \sqrt{\frac{aa-xx}{(a+x)^2}};$$

et comme le numérateur et le dénominateur peuvent être divisés chacun par $a+x$, j'aurais enfin

$$\sqrt{\frac{a-x}{a+x}}.$$

DE LA FORMATION DES PUISSANCES DES QUANTITÉS MONOMES, DE L'EXTRACTION DE LEURS RACINES, ET DU CALCUL DES RADICAUX ET DES EXPOSANTS.

122. Nous avons déjà dit qu'on appelle *puissance* d'une quantité, le produit de cette quantité multipliée par elle-même plusieurs fois de suite. a^3 est la troisième puissance ou le cube de a, parce que a^3 résulte de $a \times a \times a$. La quantité qu'on a multipliée est autant de fois facteur dans la puissance, qu'il y a d'unités dans l'exposant de cette même puissance : ainsi dans a^5, a est cinq fois facteur ; dans $(a + b)^6$, $a + b$ est six fois facteur.

123. Puisque pour multiplier les quantités littérales monomes qui ont des exposants, il suffit (**20**) d'ajouter l'exposant de chaque lettre du multiplicande, avec l'exposant de la lettre semblable du multiplicateur, il s'ensuit donc que *pour élever à une puissance proposée une quantité monome, il suffira de multiplier l'exposant actuel de chacune de ses lettres par le nombre qui marque à quelle puissance on veut élever cette quantité.* Nous appellerons ce nombre *l'exposant de la puissance.*

Ainsi pour élever a^2b^3c à la quatrième puissance, j'écrirai $a^8b^{12}c^4$, en multipliant les exposants 2, 3 et 1 de a, b, c, par l'exposant 4 de la puissance à laquelle on veut élever a^2b^3c. En effet pour élever a^2b^3c à la quatrième puissance, il faudrait multiplier a^2b^3c par a^2b^3c, puis le produit par a^2b^3c, et ce second produit par a^2b^3c ; or pour faire ces multiplications, il faut (**20**) ajouter les exposants ; puis donc qu'ils sont les mêmes dans chaque facteur, il faut ajouter chaque exposant à lui-même 4 fois, c'est-à-dire le multiplier par 4. Le raisonnement est le même à quelque autre puissance qu'on veuille élever un monome, et quels que soient les exposants actuels des lettres de ce monome.

Lorsqu'on a à faire sur les exposants des quantités, des raisonnements ou des opérations qui ne dépendent point de certaines valeurs particulières de ces exposants, mais qui sont également applicables à toutes sortes d'exposants, on représente ces exposants par des lettres. Ainsi pour en faire l'application à la règle que nous venons de donner, si l'on veut élever la quantité quelconque $a^m b^n c^p$ à une puissance quelconque désignée par r, on écrira $a^{mr} b^{nr} c^{pr}$.

124. Si la quantité qu'on veut élever à une puissance proposée, était une fraction, on élèverait à cette puissance le numérateur et le dénominateur ; ainsi $\dfrac{a^2 b^3}{c d^2}$ élevé à la cinquième puissance devient $\dfrac{a^{10} b^{15}}{c^5 d^{10}}$; pareillement $\dfrac{a^m b^n}{c^p d^q}$ élevé à la puissance r devient $\dfrac{a^{mr} b^{nr}}{c^{pr} d^{qr}}$.

125. Si la quantité proposée avait un coefficient, on l'élèverait à la puissance proposée en le multipliant par lui-même, selon les règles de l'arithmétique; ainsi $4a^3b^2$ élevé à la cinquième puissance donnerait $1024a^{15}b^{10}$. Quelquefois on se contente d'indiquer cette élévation, comme pour les lettres; ainsi on peut écrire $4^5a^{15}b^{10}$.

126. A l'égard des signes, si l'exposant de la puissance à laquelle il s'agit d'élever, est pair, le résultat aura toujours le signe $+$; mais s'il est impair, il aura le signe $+$ ou le signe $-$, selon que la quantité proposée aura elle-même le signe $+$ ou le signe $-$; c'est une suite immédiate de la règle donnée pour les signes (**24**).

127. Il suit de tout ce que nous venons de dire, que dans une puissance quelconque, l'exposant actuel de chaque lettre contient l'exposant de sa racine, autant de fois qu'il y a d'unités dans l'exposant de la puissance que l'on considère; par exemple, dans la quatrième puissance, l'exposant de chaque lettre est quadruple de ce qu'il était dans la quantité primitive qui en est la racine.

128. Donc pour revenir d'une puissance quelconque à sa racine, c'est-à-dire, *pour extraire une racine d'un degré proposé, d'une quantité monome quelconque; il faut diviser l'exposant actuel de chacune de ses lettres, par le nombre qui marque le degré de la racine qu'on veut extraire.* On appelle ce nombre *l'exposant de la racine.*

Ainsi pour tirer la racine troisième ou cubique de $a^{12}b^6c^3$, je diviserais chacun des exposants par 3, et j'aurais a^4b^2c. Pareillement pour tirer la racine cinquième de $a^{20}b^{15}c^5$, je diviserais chacun des exposants par 5, et j'aurais a^4b^3c. En général pour tirer la racine du degré r de la quantité a^mb^n, j'écrirais $a^{\frac{m}{r}}b^{\frac{n}{r}}$.

129. Si la quantité proposée était une fraction, on tirerait séparément la racine du numérateur et celle du dénominateur.

130. S'il y avait des coefficients, on en tirerait la racine carrée ou cubique par les méthodes données en arithmétique, et par celle qu'on verra par la suite, lorsque cette racine est plus élevée.

131. Lorsque l'exposant de la racine qu'on veut extraire, ne divise pas exactement chacun des exposants de la quantité proposée, c'est une preuve que cette quantité n'est point une puissance parfaite du degré dont il s'agit. Alors l'exposant reste fractionnaire, et marque une racine qui reste à extraire. Ainsi, si l'on demande la racine cubique de $a^9b^3c^4$, on aura $a^3bc^{\frac{4}{3}}$ ou $a^3bcc^{\frac{1}{3}}$, dans laquelle l'exposant $\frac{1}{3}$ marque qu'il reste encore à extraire la racine cubique de c.

132. On indique aussi les extractions de racines supérieures au second degré, en employant le signe $\sqrt{\ }$; mais on place dans l'ouverture de ce signe, le nombre qui marque le degré de la racine dont il s'agit. Ainsi $\sqrt[3]{a}$ marque la racine cubique de a; $\sqrt[7]{a}$ marque la racine septième de a. Il faut donc regarder ces deux expressions $\sqrt[3]{a}$ et $a^{\frac{1}{3}}$ comme signifiant la même chose : il en est de même de $\sqrt[5]{a^4}$ et $a^{\frac{4}{5}}$.

133. Lorsque la quantité est complexe, il ne faut pas diviser chacun de ses exposants; mais il faut considérer la totalité de ses parties comme ne faisant qu'une seule quantité dont l'exposant est naturellement 1, que l'on divise par l'exposant de la racine qu'il s'agit d'extraire, ce qui n'est, à proprement parler, qu'une indication de cette racine ; par exemple, au lieu de $\sqrt[4]{a^2+b^2}$ qui est la même chose que $\sqrt[4]{(a^2+b^2)^1}$, on écrit $(a^2+b^2)^{\frac{1}{4}}$ ou $\overline{a^2+b^2}^{\,\frac{1}{4}}$. Si la quantité totale qui est sous le radical, avait déjà un exposant, on diviserait de même cet exposant par celui de la racine qu'on a dessein d'extraire. Ainsi au lieu de $\sqrt[4]{(a^2+b^2)^3}$, on peut écrire $(a^2+b^2)^{\frac{3}{4}}$.

134. Les règles que nous avons données (**118** et suiv.) pour l'addition, la soustraction, la multiplication et la division des quantités radicales du second degré, s'appliquent également aux quantités radicales des degrés supérieurs, pourvu que les radicaux sur lesquels on a à opérer soient de même degré entre eux. Ainsi

$$\sqrt[7]{a^5} \times \sqrt[7]{a^3} = \sqrt[7]{a^8} = \sqrt[7]{a^7 a} = a\sqrt[7]{a}.$$

$$\sqrt[5]{a^2 b^3} \times \sqrt[5]{a^3 b^2} = \sqrt[5]{a^5 b^5} = ab.$$

$$a \times \sqrt[5]{\frac{b}{a}} = \sqrt[5]{a^5} \times \sqrt[5]{\frac{b}{a}} = \sqrt[5]{\frac{a^5 b}{a}} = \sqrt[5]{a^4 b}.$$

155. S'il s'agit d'élever un radical quelconque à une puissance dont l'exposant soit le même que celui du radical, il suffira d'ôter ce radical; ainsi $(\sqrt[5]{a})^5 = a$; ce qui est évident en général, si l'on fait attention que l'objet est alors de ramener la quantité à son premier état.

Pour élever une quantité radicale monome à une puissance quelconque, il faut élever chacun de ses facteurs à cette puissance, selon la règle donnée (**123**). Ainsi $\sqrt[7]{a^2 b^3}$ élevé à la puissance quatrième, donne $\sqrt[7]{a^8 b^{12}}$, qui se réduit à $ab\sqrt[7]{ab^5}$; ce qu'on peut voir encore en cette autre manière; $\sqrt[7]{a^2 b^3}$ étant la même chose (**132**) que $a^{\frac{2}{7}} b^{\frac{3}{7}}$, pour élever celui-ci à la quatrième puissance, je multiplie ces exposants par 4, ce qui me donne

$$a^{\frac{8}{7}} b^{\frac{12}{7}} = aba^{\frac{1}{7}} b^{\frac{5}{7}} = ab\sqrt[7]{ab^5}.$$

156. Pour diviser $\sqrt[7]{a^5}$ par $\sqrt[7]{a^3}$ on divisera a^5 par a^3, et l'on donnera au quotient a^2 le signe $\sqrt[7]{}$, ce qui donne $\sqrt[7]{a^2}$; de même

$$\frac{\sqrt[5]{a^4 b^3}}{\sqrt[5]{a^2 b}} = \sqrt[5]{\frac{a^4 b^3}{a^2 b}} = \sqrt[5]{a^2 b^2};$$

$$\frac{a}{\sqrt[5]{a^3}} = \frac{\sqrt[5]{a^5}}{\sqrt[5]{a^3}} = \sqrt[5]{\frac{a^5}{a^3}} = \sqrt[5]{a^2};$$

$$\frac{\sqrt[5]{a^3}}{a} = \frac{\sqrt[5]{a^3}}{\sqrt[5]{a^5}} = \sqrt[5]{\frac{a^3}{a^5}} = \sqrt[5]{\frac{1}{a^2}} = \frac{1}{\sqrt[5]{a^2}};$$

car la racine cinquième de 1 est 1. En général toute puissance ou toute racine de l'unité est l'unité.

157. Pour extraire une racine quelconque d'une quantité radicale, il faut multiplier l'exposant actuel du radical par l'exposant de cette nouvelle racine; ainsi pour extraire la racine troisième de $\sqrt[5]{a^4}$, on écrira $\sqrt[15]{a^4}$ en multipliant 5 par 3. En effet $\sqrt[5]{a^4} = a^{\frac{4}{5}}$; or (**128**) pour extraire la racine de celui-ci, il faut diviser son exposant par 3, ce qui donne $a^{\frac{4}{15}}$, qui est la même chose que $\sqrt[15]{a^4}$.

158. Lorsque les quantités radicales proposées ne sont pas toutes du même degré, il faut pour pratiquer sur elles les opérations de l'addition, soustraction, multiplication et division, les ramener au même degré, ce qui est facile par cette règle :

S'il n'y a que deux radicaux, multipliez l'exposant de l'un par l'exposant de l'autre; le produit sera l'exposant commun que doivent avoir les deux radicaux : élevez en même temps la quantité qui est sous chaque radical à la puissance marquée par l'exposant de l'autre radical. Par exemple pour réduire à un même radical les deux quantités $\sqrt[5]{a^3}$ et $\sqrt[7]{a^4}$, je multiplie 5 par 7, et j'ai 35 pour l'exposant du nouveau radical qui sera $\sqrt[35]{}$; j'élève a^3 à la septième puissance, et a^4 à la cinquième, ce qui me donne a^{21} et a^{20}; en sorte que les quantités proposées sont changées en $\sqrt[35]{a^{21}}$ et $\sqrt[35]{a^{20}}$.

S'il y a plus de deux quantités radicales, *multipliez entre eux les exposants de tous les radicaux; le produit sera l'exposant commun que doivent avoir tous ces radicaux. Élevez en même temps la quantité qui est sous chaque radical à une puissance d'un degré marqué par le produit des exposants de tous les radicaux autres que celui dont il s'agit.* Par exemple si j'avais les trois radicaux $\sqrt[5]{a^3}$, $\sqrt[7]{a^2}$ et $\sqrt[8]{a^7}$, je multiplierais les trois exposants 5, 7 et 8, ce qui me donnerait 280 pour l'exposant commun des nouveaux radicaux; j'élèverais a^3 à la puissance 7×8 ou 56; a^2, à la puissance 5×8 ou 40; et a^7, à la puissance 5×7 ou 35; ce qui me donnerait $\sqrt[280]{a^{168}}$, $\sqrt[280]{a^{80}}$, $\sqrt[280]{a^{245}}$.

La raison de cette règle est facile à apercevoir, en observant sur le premier exemple, que lorsqu'on élève, selon la règle, a^3 à la septième puissance, on rend a sept fois aussi souvent facteur qu'il l'était; mais en rendant l'exposant de son radical sept fois aussi grand qu'il l'était, on rend a sept fois moins souvent facteur; il y a donc compensation, et il n'y a que la forme de changée.

139. On peut conclure de ce raisonnement que, lorsque l'exposant de la quantité qui est sous le radical et celui du radical même ont un diviseur commun, on peut en simplifier l'expression en divisant par ce diviseur commun l'un et l'autre de ces deux exposants : par exemple $\sqrt[12]{a^8}$ peut se réduire à $\sqrt[3]{a^2}$, en divisant 12 et 8 par 4. Pareillement $\sqrt[4]{a^2}$ peut se réduire à $\sqrt{a}$; $\sqrt[6]{a^3}$ se réduit à $\sqrt{a}$.

140. Concluons encore que lorsque l'exposant de la racine qu'on veut extraire est un nombre composé du produit de deux ou plusieurs autres nombres, on peut faire cette extraction successivement en cette manière : Supposons qu'on demande la racine sixième de a^{24}; je puis tirer d'abord la racine carrée, puis la racine cubique, et j'aurai la racine sixième. En effet $\sqrt[6]{a^{24}}$ se réduit (**139**) à $\sqrt[3]{a^{12}}$; puis à $\sqrt[3]{a^4}$ ou a^4, ce qui est la même chose que si l'on avait pris tout de suite la racine sixième de a^{24} en divisant l'exposant 24 par 6 (**128**).

Au reste, comme les exposants fractionnaires tiennent lieu des radicaux, et que les premiers sont plus commodes à employer dans le calcul que les derniers, nous dirons encore un mot sur le calcul des exposants.

Si j'avais $\sqrt[5]{a^3}$ à multiplier par $\sqrt[5]{a^4}$, je changerais cette opération en celle-ci : $a^{\frac{3}{5}} \times a^{\frac{4}{5}}$, qui (**20**) donne $a^{\frac{7}{5}}$ ou $aa^{\frac{2}{5}}$, qui se réduit à $a\sqrt[5]{a^2}$. Si j'avais $\sqrt[5]{a^3}$ à multiplier par $\sqrt[7]{a^4}$, j'écrirais $a^{\frac{3}{5}} \times a^{\frac{4}{7}}$ ou $a^{\frac{3}{5}+\frac{4}{7}}$, ou (en réduisant les deux fractions au même dénominateur), $a^{\frac{21+20}{35}}$, ou $a^{\frac{41}{35}}$, qui revient à $aa^{\frac{6}{35}}$, ou enfin à $a\sqrt[35]{a^6}$.

En général $\sqrt[m]{a^n b^p} \times \sqrt[q]{a^r b^s}$ se change en $a^{\frac{n}{m}} b^{\frac{p}{m}} \times a^{\frac{r}{q}} b^{\frac{s}{q}}$, qui revient à $a^{\frac{n}{m}+\frac{r}{q}} b^{\frac{p}{m}+\frac{s}{q}}$, ou (en réduisant au même dénominateur) $a^{\frac{qn+mr}{qm}} b^{\frac{pq+ms}{qm}}$, ou enfin (**152**) à $\sqrt[qm]{a^{qn+mr} b^{pq+ms}}$. Il en est de même de la division : $\dfrac{\sqrt[5]{a^4}}{\sqrt[5]{a^3}}$ se change en $\dfrac{a^{\frac{4}{5}}}{a^{\frac{3}{5}}} = a^{\frac{1}{5}}$ (**31**), ou enfin en $\sqrt[5]{a}$. Pareillement $\dfrac{\sqrt[5]{a^3 b^4}}{\sqrt[7]{a^2 b^3}}$ se change en (**31**)

$$\frac{a^{\frac{3}{5}} b^{\frac{4}{5}}}{a^{\frac{2}{7}} b^{\frac{3}{7}}} = a^{\frac{3}{5}-\frac{2}{7}} b^{\frac{4}{5}-\frac{3}{7}}$$

ou (en réduisant les fractions au même dénominateur) $a^{\frac{21-10}{35}} b^{\frac{28-15}{35}}$, qui se réduit à $a^{\frac{11}{35}} b^{\frac{13}{35}}$, qui est la même chose que $\sqrt[35]{a^{11} b^{13}}$. En général

$$\frac{\sqrt[m]{a^n b^p}}{\sqrt[q]{a^r b^s}} = \frac{a^{\frac{n}{m}} b^{\frac{p}{m}}}{a^{\frac{r}{q}} b^{\frac{s}{q}}} = a^{\frac{n}{m}-\frac{r}{q}} b^{\frac{p}{m}-\frac{s}{q}} = a^{\frac{qn-mr}{qm}} b^{\frac{pq-ms}{qm}} = \sqrt[qm]{a^{qn-mr} b^{pq-ms}}.$$

141. Dans ce dernier exemple nous avons retranché l'exposant de chaque lettre du dénominateur, de l'exposant de la lettre correspondante dans le numérateur. La règle que nous avons donnée (**31**) pour la division ne semble le permettre que lorsque l'exposant du dénominateur est plus petit que celui du numérateur; mais cela se peut en général, en donnant à l'excédant le signe —, après la réduction faite; en sorte qu'on peut, en général, mettre toute fraction algébrique sous la forme d'un entier. Par exemple, au lieu de $\dfrac{a^3}{b^2}$ on peut écrire $a^3 b^{-2}$. En effet, suivant l'idée que nous avons donnée de la division, l'effet d'un diviseur est de détruire dans le dividende tous les facteurs qui se trouvent dans le diviseur; dans $\dfrac{a^5}{a^2}$, qui se réduit à a^3, le diviseur a^2 détruit dans a^5 deux facteurs égaux à a. Pareillement dans la quantité $\dfrac{a^3}{b^2}$ l'effet de b^2 doit être de détruire dans a^3 deux facteurs égaux à b. Or quoique ces facteurs n'y soient pas explicitement, on peut toujours se les représenter; car on conçoit que a contient b un certain nombre de fois, soit entier, soit fractionnaire : soit m ce nombre de fois; alors a vaut donc m fois b ou mb; la quantité $\dfrac{a^3}{b^2}$ sera donc $\dfrac{m^3 b^3}{b^2}$, qui se réduit à $m^3 b$; or la quantité $a^3 b^{-2}$ devient en pareil cas $m^3 b^3 b^{-2}$ ou **(20)** $m^3 b^{3-2}$, c'est-à-dire $m^3 b$; donc $\dfrac{a^3}{b^2}$ revient au même que $a^3 b^{-2}$; donc en général *on peut faire passer une quantité, du dénominateur au numérateur, en l'écrivant dans celui-ci comme facteur, mais avec un exposant de signe contraire à celui qu'elle avait dans le dénominateur.*

— Ainsi au lieu de $\dfrac{1}{a^3}$ on peut écrire $1 \times a^{-3}$, ou simplement a^{-3}; au lieu de $\dfrac{1}{a^m}$ on peut écrire a^{-m}; au lieu de $\dfrac{a^m b^n}{c^p d^q}$ on peut écrire $a^m b^n c^{-p} d^{-q}$. Au lieu de $\dfrac{a^3 + b^3}{a^2 + b^2}$ on peut écrire

$$(a^3 + b^3) \times (a^2 + b^2)^{-1};$$

et eu égard à tout ce qui précède, au lieu de $\dfrac{\sqrt[5]{(a^3 + b^3)^4}}{\sqrt[4]{(a^2 + b^2)^3}}$ on peut écrire $\dfrac{(a^3 + b^3)^{\frac{4}{5}}}{(a^2 + b^2)^{\frac{3}{4}}}$, et enfin $(a^3 + b^3)^{\frac{4}{5}} \times (a^2 + b^2)^{-\frac{3}{4}}$.

142. Et réciproquement *si une quantité est composée de parties qui aient des exposants négatifs, on pourra faire passer ces* *parties au dénominateur, en rendant leurs exposants positifs.*

Ainsi au lieu de $a^3 b^{-4}$, on pourra écrire $\dfrac{a^3}{b^4}$; au lieu de a^{m-3},

qui est la même chose que $a^m \times a^{-3}$, on pourra écrire $\dfrac{a^m}{a^3}$, et ainsi de suite.

DE LA FORMATION DES PUISSANCES DES QUANTITÉS COMPLEXES, ET DE L'EXTRACTION DE LEURS RACINES.

143. Suivant l'idée que nous avons donnée des puissances, il ne s'agit, lorsqu'on veut élever une quantité complexe à une puissance proposée, que de multiplier cette quantité par elle-même autant de fois moins une qu'il y a d'unités dans l'exposant de cette puissance ; mais en se bornant à ce moyen, on tomberait souvent dans des calculs très-longs pour parvenir à des résultats qu'on peut avoir à bien moins de frais, en réfléchissant un peu sur les propriétés des produits de quelques-unes de ces multiplications.

Nous allons nous occuper des puissances des quantités binomes, parce que celles-ci conduisent à la formation des puissances des quantités plus composées ; mais pour mieux faire sentir l'étendue de ce que nous avons à dire, nous reprendrons les choses d'un peu plus haut ; nous examinerons quelle est la nature des produits que l'on trouve en multipliant successivement plusieurs facteurs binomes qui auraient tous un terme commun : cette recherche, qui nous conduira directement à notre objet, nous fournira en même temps plusieurs propositions qui nous seront très-utiles par la suite.

144. Soient donc $x + a$, $x + b$, $x + c$, $x + d$, etc., plusieurs quantités binomes qui ont toutes le terme x commun, et qu'on veut multiplier les unes par les autres.

$$
\begin{array}{ll}
\text{En multipliant} & x + a \\
\qquad\text{par} & x + b \\
\hline
\text{on aura} & x^2 + ax + ab \\
& \quad\ + bx.
\end{array}
$$

Multipliant ce produit par $x + c$, on aura

$$
\begin{aligned}
x^3 &+ ax^2 + abx + abc \\
&+ bx^2 + acx \\
&+ cx^2 + bcx.
\end{aligned}
$$

Multipliant ce second produit par $x + d$, **on aura**

$$x^4 + ax^3 + abx^2 + abcx + abcd$$
$$+ bx^3 + acx^2 + abdx$$
$$+ cx^3 + adx^2 + acdx$$
$$+ dx^3 + bcx^2 + bcdx$$
$$+ bdx^2$$
$$+ cdx^2;$$

et ainsi de suite; ce qui nous fournit les observations suivantes, en prenant pour un terme ce qui est dans une même colonne :

1° Le premier terme de chaque produit est toujours le premier terme x de chaque binome, élevé à une puissance marquée par le nombre de ces binomes; en sorte que si le nombre des binomes était m, le premier terme de chaque produit serait x^m.

2° Les puissances de x vont ensuite en diminuant continuellement d'une unité jusqu'au dernier terme qui ne renferme plus d'x.

3° Les multiplicateurs de chaque puissance de x (que nous nommerons à l'avenir multiplicateurs du terme où se trouvent ces puissances) sont, pour le second terme, la somme des seconds termes a, b, c, etc., des binomes; pour le troisième terme, la somme des produits de ces quantités a, b, c, etc., multipliées deux à deux; pour le quatrième, la somme des produits de ces quantités a, b, c, etc., multipliées trois à trois; et ainsi de suite jusqu'au dernier, qui est le produit de toutes ces quantités. Ces conséquences sont évidentes, quel quel soit le nombre des quantités $x + a$, $x + b$, etc., qu'on a multipliées.

145. Si l'on suppose maintenant que toutes les quantités a, b, c, etc. soient égales, auquel cas tous les binomes qu'on a multipliés seront égaux, les produits trouvés ci-dessus seront donc les puissances successives de l'un quelconque de ces binomes, de $x + a$ par exemple, si l'on suppose que les quantités b, c, d, etc. sont chacune égales à a. Si l'on met donc a dans ces produits, au lieu de chacune des lettres b, c, d, etc., on aura les résultats suivants pour les valeurs des puissances qui sont marquées à côté :

$$x^2 + 2ax + a^2 = (x + a)^2,$$
$$x^3 + 3ax^2 + 3a^2x + a^3 = (x + a)^3,$$
$$x^4 + 4ax^3 + 6a^2x^2 + 4a^3x + a^4 = (x + a)^4,$$

où l'on voit que si m est l'exposant de la puissance à laquelle on veut élever le binome, les puissances successives de x seront x^m, x^{m-1}, x^{m-2}, x^{m-3}, x^{m-4}, etc.

Mais on ne voit pas aussi évidemment comment les coefficients des différents termes de chaque puissance dérivent les uns des autres, ni quelle est leur dépendance de l'exposant m, dont ils dépendent cependant comme on va le voir.

146. Pour trouver la loi de ces coefficients, il faut retourner à nos premiers produits, et remarquer que puisque le multiplicateur du second terme est la somme de toutes les quantités a, b, c, etc., il faudra, lorsque toutes ces quantités seront égales à a, qu'il soit composé de a pris autant de fois qu'il y a de ces quantités; donc si leur nombre est m, ce multiplicateur sera m fois a, ou ma, c'est-à-dire que son coefficient m sera égal à l'exposant du premier terme de cette puissance. C'est ce que l'on voit aussi dans les trois puissances particulières que nous avons exposées ci-dessus.

Voyons maintenant quels doivent être les multiplicateurs des autres termes. Il est évident que tous les produits ab, ac, ad, bc, bd, etc., deviennent chacun égal à a^2, dans la supposition présente; pareillement tous les produits abc, abd, etc., deviennent chacun égal à a^3, et ainsi de suite. Donc le multiplicateur du troisième terme de chacun de nos premiers produits se réduit alors à a^2 pris autant de fois que les lettres a, b, c, etc. peuvent donner de produits deux à deux. Pareillement celui du quatrième se réduit à a^3 pris autant de fois que les lettres a, b, c, etc. peuvent donner de produits trois à trois, et ainsi de suite; donc pour avoir le coefficient numérique des troisième, quatrième, etc. termes de la puissance m du binome $x + a$, la question se réduit à déterminer combien un nombre m de lettres a, b, c, etc. peut donner de produits deux à deux, trois à trois, etc.

147. Or, je remarque que si l'on a un nombre quelconque m de lettres, et qu'on les combine de toutes les manières imaginables deux à deux, trois à trois, quatre à quatre, etc., sans répéter une même lettre dans une même combinaison, je remarque, dis-je,

1° Que le nombre des combinaisons deux à deux sera double du nombre des produits de deux lettres réellement différentes. En effet, deux lettres peuvent être combinées l'une avec l'autre de deux manières différentes; par exemple, a et b donnent ces deux combinaisons ab et ba; mais ces deux combinaisons ne font pas deux produits différents.

2° Le nombre des combinaisons de plusieurs lettres trois à trois sera sextuple du nombre des produits de trois lettres, réellement distincts : en effet, pour avoir les combinaisons de trois quantités a, b, c, il faut, après en avoir combiné deux, a et b par exemple, ce qui donne ab et ba, combiner la troisième c avec chacune des deux premières combinaisons, c'est-à-dire lui donner toutes les dispositions possibles à l'égard des lettres a et b qui entrent dans ab et ba; or cela donne 6 combinaisons de trois lettres, comme il est évident par les dispositions suivantes abc, acb, cab, bac, bca, cba; mais ces six combinaisons ne font chacune que le même produit.

Un raisonnement semblable prouvera que quatre quantités sont susceptibles de 24 combinaisons, dont chacune cependant ne fait que le même produit; donc le nombre des produits distincts qu'on peut avoir en combinant plusieurs lettres quatre à quatre, est la 24ᵉ partie du nombre total de ces combinaisons. Pareillement le nombre des produits distincts qu'on peut avoir en combinant plusieurs lettres 5 à 5, 6 à 6, 7 à 7, etc., est la 120ᵉ, la 720ᵉ, la 5040ᵉ, etc., partie du nombre total de ces combinaisons; c'est-à-dire est en général exprimé par une fraction qui a pour numérateur le nombre total des combinaisons, et pour dénominateur le produit de tous les nombres 1, 2, 3, 4, etc., jusqu'à celui qui marque de combien de lettres chaque produit est composé.

148. Voyons donc quel est le nombre total des combinaisons que peut donner un nombre m de lettres a, b, c, etc., prises deux à deux, trois à trois, etc.

Il est évident pour les combinaisons deux à deux, que puisqu'une même lettre ne doit pas être combinée avec elle-même, elle ne peut l'être qu'avec les $m-1$ autres, et par conséquent elle doit donner $m-1$ combinaisons; donc puisqu'il y a m de lettres en tout, elles donneront m fois $(m-1)$ ou $m(m-1)$ combinaisons. Donc, suivant ce qui vient d'être dit (**147**), le nombre des produits de deux lettres réellement différents,

sera $m \cdot \dfrac{m-1}{2}$.

A l'égard des combinaisons trois à trois : pour les avoir, il faut que chacune des combinaisons deux à deux soit combinée avec chacune des lettres qu'elle ne renferme point, c'est-à-dire avec un nombre de lettres marqué par $m - 2$; donc chacune de ces combinaisons donnera $m - 2$ combinaisons de trois lettres; donc, puisqu'il y a $m(m - 1)$ combinaisons de deux lettres, dont chacune doit donner $m - 2$ combinaisons de trois lettres, il y aura en tout $m(m - 1)(m - 2)$ combinaisons de trois lettres; donc, puisque (**147**) le nombre des produits réellement distincts est la sixième partie de ce nombre total de combinaisons, il sera $m \dfrac{(m - 1)(m - 2)}{6}$ ou $m \cdot \dfrac{m - 1}{2} \cdot \dfrac{m - 2}{3}$.

On prouvera de même que le nombre des combinaisons quatre à quatre sera $m(m - 1)(m - 2)(m - 3)$, car il faudra combiner chaque combinaison de trois lettres avec toutes les autres lettres que cette combinaison ne renferme point, et qui étant au nombre de $m - 3$ donneront, pour chaque combinaison de 3 lettres, $m - 3$ combinaisons de quatre lettres; donc le nombre des combinaisons trois à trois étant $m(m - 1)(m - 2)$, celui des combinaisons quatre à quatre sera $m(m - 1)(m - 2)(m - 3)$; et puisque le nombre des produits quatre à quatre réellement différents est la 24e partie de ce nombre de combinaisons, il sera donc $m \cdot \dfrac{m - 1}{2} \cdot \dfrac{m - 2}{3} \cdot \dfrac{m - 3}{4}$.

Le même raisonnement prouvera que le nombre des produits distincts qu'on peut former en multipliant un nombre m de lettres 5 à 5, 6 à 6, etc. sera exprimé par

$$m \cdot \frac{m - 1}{2} \cdot \frac{m - 2}{3} \cdot \frac{m - 3}{4} \cdot \frac{m - 4}{5},$$

par $$m \cdot \frac{m - 1}{2} \cdot \frac{m - 2}{3} \cdot \frac{m - 3}{4} \cdot \frac{m - 4}{5} \cdot \frac{m - 5}{6},$$

et ainsi de suite.

149. Concluons donc de là, et de ce qui a été dit (**146**), que les termes successifs du binome $x + a$ élevé à la puissance m, ou de $(x + a)^m$ sont :

$$x^m + max^{m-1} + m \cdot \frac{m - 1}{2} a^2 x^{m-2} + m \cdot \frac{m - 1}{2} \cdot \frac{m - 2}{3} a^3 x^{m-3} + \text{etc.}$$

C'est-à-dire que le premier terme de la suite ou série qui exprime cette puissance, est le premier terme x du binome, élevé à la puissance m; qu'ensuite les exposants de x vont en diminuant d'une unité, et ceux de a en augmentant d'une unité, à partir du second terme où il commence à entrer. A l'égard des coefficients m, $m \cdot \dfrac{m-1}{2}$, etc., il faut remarquer que celui du second est égal à l'exposant du premier : que celui du troisième qui est $m \cdot \dfrac{m-1}{2}$ est le coefficient m du précédent multiplié par $\dfrac{m-1}{2}$, c'est-à-dire par la moitié de l'exposant de x dans ce même terme précédent. Pareillement, le coefficient du quatrième qui est $m \cdot \dfrac{m-1}{2} \cdot \dfrac{m-2}{3}$, n'est autre chose que le coefficient $m \cdot \dfrac{m-1}{2}$ du terme précédent, multiplié par $\dfrac{m-2}{3}$, c'est-à-dire par le tiers de l'exposant de x dans ce même terme précédent, et ainsi de suite. Toutes ces conséquences, que l'inspection seule fournit, nous conduisent à cette règle générale : *Le coefficient de l'un quelconque des termes se trouve en multipliant le coefficient du précédent, par l'exposant de* x *dans ce même terme précédent, et divisant par le nombre des termes qui précèdent celui dont il s'agit.*

Formons d'après cette règle la septième puissance de $x+a$, pour servir d'exemple. Nous aurons

$$(x+a)^7 = x^7 + 7ax^6 + 21a^2x^5 + 35a^3x^4 + 35a^4x^3 + 21a^5x^2 + 7a^6x + a^7,$$

en écrivant d'abord x^7; puis multipliant celui-ci par 7, diminuant l'exposant d'une unité et multipliant par a, ce qui donne $7ax^6$.

Je multiplie celui-ci par $\frac{6}{2}$, je diminue l'exposant de x d'une unité, et j'augmente celui de a d'une unité, et j'ai $21a^2x^5$ pour le troisième terme.

Je multiplie ce troisième par $\frac{5}{3}$, je diminue l'exposant de x d'une unité, et j'augmente celui de a d'une unité, ce qui me donne $35a^3x^4$ pour le quatrième terme : il est aisé d'achever.

Si au lieu de $x+a$, on avait $x-a$; alors les termes auraient alternativement les signes $+$ et $-$, à commencer du premier; car si dans a^4, par exemple, on substitue $-a$ au lieu de $+a$, le signe ne changera point (**126**); mais il changerait, si l'on substituait — a dans une puissance impaire de a.

La même formule que nous venons de donner peut servir à élever à une puissance proposée, non-seulement un binome simple comme $x+a$, mais encore un binome composé tel que x^2+a^2 ou x^2+a ou x^3+a^3, etc.; et même à élever non-seulement à une puissance dont l'exposant serait un nombre entier positif, mais encore à une puissance dont l'exposant serait positif ou négatif, entier ou fractionnaire. Mais ces usages exigent, pour plus de commodité, que nous lui donnions une autre forme.

150. Reprenons donc la formule

$$(x+a)^m = x^m + max^{m-1} + m \cdot \frac{m-1}{2} \cdot a^2 x^{m-2} + m \cdot \frac{m-1}{2} \cdot \frac{m-2}{3} \cdot a^3 x^{m-3} + \dots$$

Suivant ce que nous avons dit (**142**), on peut au lieu de x^{m-1} écrire $\dfrac{x^m}{x}$; au lieu de x^{m-2}, écrire $\dfrac{x^m}{x^2}$; au lieu de x^{m-3}, écrire $\dfrac{x^m}{x^3}$, et ainsi de suite. Conformément à ce principe, nous pourrons donc changer notre formule en cette autre :

$$(x+a)^m = x^m + \frac{max^m}{x} + m \cdot \frac{m-1}{2} \cdot \frac{a^2 x^m}{x^2} + m \cdot \frac{m-1}{2} \cdot \frac{m-2}{3} \cdot \frac{a^3 x^m}{x^3}$$
$$+ m \cdot \frac{m-1}{2} \cdot \frac{m-2}{3} \cdot \frac{m-3}{4} \cdot \frac{a^4 x^m}{x^4} + \dots$$

Si l'on fait attention maintenant que tous les termes ont pour facteur commun x^m, on pourra donner à la formule cette autre forme :

$$(x+a)^m = x^m \left(1 + \frac{ma}{x} + m \cdot \frac{m-1}{2} \cdot \frac{a^2}{x^2} + m \cdot \frac{m-1}{2} \cdot \frac{m-2}{3} \cdot \frac{a^3}{x^3} + \dots \right),$$

dans laquelle x^m est censé multiplier tout ce qui est entre deux parenthèses. De là nous concluons la règle suivante, pour former d'une manière commode la suite ou série des termes qui doivent composer la puissance m du binome $x+a$.

151. Écrivez sur une première ligne, comme il suit, les quantités

$$m, \quad \frac{m-1}{2}, \quad \frac{m-2}{3}, \quad \frac{m-3}{4}, \quad \frac{m-4}{5} + \dots$$

$$1 + m \frac{a}{x} + m \cdot \frac{m-1}{2} \cdot \frac{a^2}{x^2} + m \cdot \frac{m-1}{2} \cdot \frac{m-2}{3} \cdot \frac{a^3}{x^3} + m \cdot \frac{m-1}{2} \cdot \frac{m-2}{3} \cdot \frac{m-3}{4} \cdot \frac{a^4}{x^4} + \dots$$

Et ayant écrit l'unité au-dessous et à une place plus avant sur la gauche, formez la suite inférieure par cette loi :

Multipliez cette unité par le premier terme de la suite supérieure et par $\frac{a}{x}$ et vous aurez le second terme de la série inférieure.

Multipliez ce second terme par le second terme de la suite supérieure et encore par $\frac{a}{x}$, et vous aurez le troisième terme de la série inférieure.

Multipliez ce troisième terme par le troisième de la suite supérieure et encore par $\frac{a}{x}$, et vous aurez le quatrième terme de la série inférieure ; et ainsi de suite.

Réunissez tous ces termes de la série inférieure, et multipliez la totalité par x^m, vous aurez la valeur de $(x+a)^m$.

152. Si au lieu de $x+a$, on avait x^2+a^2, ou x^3+a^3, ou etc. ; au lieu de multiplier successivement par $\frac{a}{x}$, on multiplierait par $\frac{a^2}{x^2}$ dans le premier cas, par $\frac{a^3}{x^3}$ dans le second, et en général par le second terme du binome divisé par le premier : et on multiplierait la totalité, dans le premier cas, par x^2 élevé à la puissance m ; et dans le second cas, par x^3 élevé à la puissance m, c'est-à-dire en général par le premier terme du binome, élevé à la puissance proposée.

Enfin si le second terme du binome, au lieu d'avoir le signe $+$ avait le signe $-$, au lieu de multiplier successivement par $\frac{a}{x}$, lorsqu'on a $x+a$, ou par $\frac{a^2}{x^2}$ lorsqu'on a x^2+a^2, on multiplierait successivement par $-\frac{a}{x}$, ou par $-\frac{a^2}{x^2}$, et ainsi de suite.

Supposons, pour donner un exemple, qu'on demande la sixième puissance de x^3+a^3 ; je procède comme ci-dessous :

$$6,\ \tfrac{5}{2},\ \tfrac{4}{3},\ \tfrac{3}{4},\ \tfrac{2}{5},\ \tfrac{1}{6}$$

$$1+\frac{6a^3}{x^3}+\frac{15a^6}{x^6}+\frac{20a^9}{x^9}+\frac{15a^{12}}{x^{12}}+\frac{6a^{15}}{x^{15}}+\frac{a^{18}}{x^{18}}.$$

C'est-à-dire qu'ayant écrit la suite $6,\ \tfrac{5}{2},\ \tfrac{4}{3}$, etc., qui répond à m, $\frac{m-1}{2}, \frac{m-2}{3}, \frac{m-3}{4}$, etc., et ayant écrit au-dessous l'unité pour premier terme de la seconde suite ; je multiplie ce premier terme par le premier terme 6 de la suite supérieure et par $\dfrac{a^3}{x^3}$, ce qui me donne $\dfrac{6a^3}{x^3}$ pour le second terme. Je multiplie $\dfrac{6a^3}{x^3}$ par le second terme $\frac{5}{2}$ de la suite supérieure et par $\dfrac{a^3}{x^3}$, et j'ai $\dfrac{15a^6}{x^6}$ pour troisième terme, et ainsi de suite. Enfin je multiplie la totalité des termes formés suivant cette loi, par x^3 élevé à la puissance 6, c'est-à-dire (**123**) par x^{18}, et j'ai

$$x^{18} + \frac{6a^3 x^{18}}{x^3} + \frac{15a^6 x^{18}}{x^6} + \frac{20a^9 x^{18}}{x^9} + \frac{15a^{12} x^{18}}{x^{12}} + \frac{6a^{15} x^{18}}{x^{15}} + \frac{a^{18} x^{18}}{x^{18}},$$

qui se réduit à

$$x^{18} + 6a^3 x^{15} + 15a^6 x^{12} + 20a^9 x^9 + 15a^{12} x^6 + 6a^{15} x^3 + a^{18}.$$

153. Si au lieu d'un binome on avait un trinome à élever à une puissance proposée ; si l'on avait par exemple $a + b + c$ à élever à la troisième puissance, on ferait $b + c = m$, et l'on aurait $a + m$ à élever à la troisième puissance, qui selon les règles qu'on vient de donner, serait

$$a^3 + 3a^2 m + 3am^2 + m^3.$$

Remettant maintenant, au lieu de m sa valeur $b + c$, on aurait

$$a^3 + 3a^2(b + c) + 3a(b + c)^2 + (b + c)^3.$$

Or les puissances $(b + c)$, $(b + c)^2$, $(b + c)^3$ étant toutes des puissances de binome se trouveront également par les règles précédentes ; il ne s'agira plus que de les multiplier respectivement par $3a^2$, $3a$ et 1. En achevant le calcul, on trouvera

$$a^3 + 3a^2 b + 3a^2 c + 3ab^2 + 6abc + 3ac^2 + b^3 + 3b^2 c + 3bc^2 + c^3.$$

154. Mais en réfléchissant un peu sur la règle de l'élévation des binomes, on verra qu'on peut former la puissance d'un polynome quelconque d'une manière plus commode en observant la règle suivante.

Supposons qu'on veut élever le trinome $a + b + c$ à la troisième puissance. Faites $b + c = p$, et alors il s'agit d'élever $a + p$ à la puissance 3, ce qui donnera

$$a^3 + 3a^2 p + 3ap^2 + p^3.$$
$$\;\underset{1}{}\;\underset{2}{}\;\underset{3}{}$$

J'écris sous chaque terme de cette quantité l'exposant de p ; je multiplie chaque terme par le nombre qui lui répond, et je change un p en b, ce qui donne

$$3a^2 b + 6abp + 3bp^2.$$

J'écris sous cette quantité la moitié de chaque exposant de p, et je multiplie chaque terme par le nombre correspondant, changeant encore un p en b ; j'ai

$$3ab^2 + 3b^2 p.$$

J'écris sous chaque terme de celle-ci le tiers de l'exposant de p; je multiplie comme ci-devant, et je change un p en b; j'ai

$$b^3.$$

Enfin je réunis toutes ces quatre lignes en changeant p en c, et j'ai

$$a^3 + 3a^2c + 3ac^2 + c^3 + 3a^2b + 6abc + 3bc^2 + 3ab^2 + 3b^2c + b^3,$$

de même que ci-dessus.

Ainsi on multipliera chaque terme de la première ligne par l'exposant de p; chaque terme de la seconde, par la moitié de l'exposant de p dans cette seconde; chaque terme de la troisième, par le tiers de l'exposant de p dans cette troisième, et ainsi de suite, observant à chaque ligne, à commencer de la seconde, de changer un p en b, et à la fin on changera tous les p restants en c. Cette règle s'applique de même aux quatrinomes, quintinomes, etc.

DE L'EXTRACTION DES RACINES DES QUANTITÉS COMPLEXES.

155. Lorsqu'une fois on est en état de trouver les termes dont une puissance proposée d'un binome doit être composée, il est aisé d'en conclure la méthode d'extraire une racine d'un degré proposé, soit que la quantité dont il s'agit soit littérale, soit qu'elle soit numérique : ce que nous allons dire sur la racine cinquième suffira pour faire comprendre comment on doit se conduire dans les autres degrés.

Selon la formule des puissances d'un binome, la cinquième puissance de $a+b$ est $a^5 + 5a^4b + 10a^3b^2 + 10a^2b^3 + 5ab^4 + b^5$. De ces six termes les deux premiers suffisent pour établir la règle que nous cherchons.

Le premier est la cinquième puissance du premier terme du binome, et le second est le quintuple de la quatrième puissance de ce même premier terme, multipliée par le second terme. Donc, pour avoir le premier terme de la racine, il faut, après avoir ordonné tous les termes de la puissance donnée, extraire la racine cinquième du premier terme de cette puissance ; et pour avoir le second terme de la racine, il faut diviser le second terme de la quantité proposée par le quintuple de la quatrième puissance de la racine qu'on vient de trouver par la première opération. En effet, il est évident que la racine cinquième de a^5 est a, qui est le premier terme du binome, dont la quantité $a^5 + 5a^4b + \ldots$ est la cinquième puissance ; et il est également évident que $\dfrac{5a^4b}{5a^4}$ donne b qui est le second terme de ce binome. Mais comme il pourrait se faire que la quantité proposée ne fût pas une puissance parfaite du cinquième degré; après avoir ainsi trouvé le second terme de la racine, il faudra vérifier cette racine en l'élevant au cinquième degré et retranchant le résultat de la quantité proposée; voici un exemple.

On demande la racine cinquième de

$$
\begin{array}{l|l}
32a^5 + 240a^4b + 720a^3b^2 + 1080a^2b^3 + 810ab^4 + 243b^5 & \text{racine} \\
\quad -32a^5 & 2a + 3b \\
\hline
\text{reste} \quad\quad +240a^4b + 720a^3b^2 + 1080a^2b^3 + 810ab^4 + 243b^5 & 80a^4
\end{array}
$$

Je tire la racine cinquième de $32a^5$, elle est $2a$ que j'écris à la racine.

J'élève $2a$ à la cinquième puissance, et j'écris le produit $32a^5$ avec un signe contraire sous le premier terme $32a^5$ de la quantité proposée, ce qui le détruit.

J'élève la racine $2a$ à la quatrième puissance, ce qui me donne $16a^4$ que je quintuple, et j'ai $80a^4$ que j'écris sous la racine $2a$; je m'en sers pour diviser le premier terme $240a^4b$ du reste : la division faite, j'ai pour quotient $3b$ que j'écris à la racine; en sorte que j'ai $2a + 3b$ pour la racine cherchée; mais pour m'en assurer, j'élève $2a + 3b$ à la cinquième puissance, je retrouve les mêmes termes que dans la quantité proposée; faisant la soustraction, il ne reste rien; d'où je conclus que la racine est exactement $2a + 3b$.

S'il devait y avoir encore un autre terme à la racine, alors il y aurait un reste après cette première opération : je regarderais $2a + 3b$ comme une seule quantité, avec laquelle j'opérerais pour trouver le troisième terme, comme j'ai opéré avec $2a$ pour trouver le second.

156. A l'égard des quantités numériques, la règle est absolument la même; la seule chose qu'il faille éclaircir, est, à quel caractère on reconnaîtra ce qui répond au premier terme a^5, et ce qui répond au terme $5a^4b$.

Pour se conduire dans cette recherche, il n'y a qu'à imaginer que dans le binome $a + b$, a marque les dizaines et b les unités; alors il est évident que a^5 sera des centaines de mille, parce que la cinquième puissance de 10 est 100000; donc le premier terme a^5, ou la quantité dont il faudra tirer la racine 5e pour avoir le premier chiffre de la racine, ne peut faire partie des cinq derniers chiffres sur la droite, on séparera donc les cinq derniers chiffres, et supposé qu'il en reste cinq seulement ou moins de cinq sur la gauche, on en cherchera la racine cinquième, qui sera facile à trouver, ne pouvant avoir qu'un seul chiffre.

Quand on aura trouvé le premier chiffre de la racine et qu'on aura retranché sa cinquième puissance de la quantité qui a servi à trouver cette racine, on abaissera à côté du reste les cinq chiffres séparés; et pour avoir la partie qu'il faut diviser par $5a^4$, c'est-à-dire par le quintuple de la quatrième puissance des dizaines trouvées, il faudra séparer quatre chiffres sur la droite, et ne diviser que la partie restante à gauche; car $5a^4b$, qui est la partie qu'on doit diviser par $5a^4$ pour avoir b, ne peut faire partie des quatre derniers chiffres, puisque étant le produit de $5a^4$ par b, elle doit être au moins des dizaines de mille, puisque a^4 est des dizaines de mille.

Ces éclaircissements posés, le procédé est le même que pour l'extraction littérale. Voici un exemple.

On demande la racine cinquième de

$$3\,8\,0\,2.0\,4\,0\,3\,2\,\lfloor\,5\,2$$
$$\underline{3\,1\,2\,5}$$
$$6\,7\,7\,0.4\,0\,3\,2$$
$$3\,1\,2\,5$$
$$\underline{3\,8\,0\,2\,0\,4\,0\,3\,2}$$
$$0$$

Je sépare les cinq derniers chiffres 04032, et je cherche la racine cinquième de 3802, qui, ayant moins de cinq chiffres, ne peut donner qu'un chiffre pour cette racine; elle est 5 que j'écris à côté.

J'élève 5 à la cinquième puissance, et j'écris le produit sous 3802 pour l'en retrancher; il reste 677, à côté duquel j'abaisse les cinq chiffres séparés d'abord; du total, je sépare 4 chiffres sur la droite, et je divise la partie restante 6770 par le quintuple de la quatrième puissance de la racine trouvée 5, c'est-à-dire par 5 fois 625 ou 3125. Je trouve pour quotient 2 que j'écris à côté du premier chiffre trouvé 5. Pour vérifier cette racine 52, je l'élève à la cinquième puissance, et je trouve le nombre même proposé, d'où je conclus que 52 est exactement la racine.

S'il y avait un reste, et qu'on voulût approcher plus près de la racine, on mettrait 5 zéros, et on continuerait pour avoir le troisième chiffre, qui serait une décimale, comme on a fait pour avoir le second.

En général, pour tirer une racine de degré quelconque m, il faut séparer en allant de droite à gauche, en tranches de m chiffres chacune, dont la plus à gauche peut en avoir moins ; tirer la racine du degré m de cette dernière tranche, cette racine n'aura jamais qu'un seul chiffre ; à côté du reste, descendre la tranche suivante, en séparer $m-1$ chiffres sur la droite, et diviser la partie restante à gauche, par m fois la racine trouvée, et élevée à la puissance $m-1$, et ainsi de suite. Cela est fondé sur ce que les deux premiers termes d'un binome $a+b$ élevé à la puissance quelconque m, font $a^m + ma^{m-1}b$, et sur ce que si a marque des dizaines et b des unités, a^m ne peut faire partie des m derniers chiffres, et $ma^{m-1}b$ ne peut faire partie des $m-1$ derniers.

DE LA MANIÈRE D'APPROCHER DE LA RACINE DES PUISSANCES IMPARFAITES DES QUANTITÉS LITTÉRALES.

157. Lorsque la quantité complexe proposée n'est point une puissance parfaite du degré dont on demande la racine, alors il n'y a point de racine exacte à espérer : il faut se borner à en approcher aussi près que peut l'exiger la question pour laquelle cette extraction est nécessaire. On pourrait y parvenir en suivant la méthode que nous venons d'exposer pour les puissances parfaites : elle donnerait une suite de termes fractionnaires dont la valeur décroissant continuellement, permet de se borner à un nombre limité de termes et de négliger les autres : mais l'opération serait longue et pénible. On peut parvenir au même résultat par une voie beaucoup plus courte, en employant la règle que nous avons donnée ci-dessus (**151**) pour élever un binome à une puissance proposée. Pour cet effet, il faut se rappeler (**133**) que toute racine peut être représentée par une puissance fractionnaire. Ainsi, demander la racine carrée de $a+b$, ou d'évaluer $\sqrt{a+b}$, c'est demander d'élever $a+b$ à la puissance $\frac{1}{2}$, puisque (**133**) $(a+b)^{\frac{1}{2}} = \sqrt{a+b}$.

Donc, suivant la règle donnée (**151**), j'écris la suite

$$\tfrac{1}{2}, \quad \frac{\tfrac{1}{2}-1}{2}, \quad \frac{\tfrac{1}{2}-2}{3}, \quad \frac{\tfrac{1}{2}-3}{4}, \quad \frac{\tfrac{1}{2}-4}{5}, \quad \text{etc.} ;$$

qui se réduit à $\tfrac{1}{2}, \ -\tfrac{1}{4}, \ -\tfrac{1}{2}, \ -\tfrac{5}{8}, \ -\tfrac{7}{10}$, etc. ;

et posant **1** pour premier terme de la seconde suite, je forme cette seconde,

$$1 + \tfrac{1}{2}\frac{b}{a} - \tfrac{1}{8}\frac{b^2}{a^2} + \tfrac{1}{16}\frac{b^3}{a^3} - \tfrac{5}{128}\frac{b^4}{a^4} + \tfrac{35}{1280}\frac{b^5}{a^5} + \dots$$

En multipliant le premier terme 1 par le premier terme $\tfrac{1}{2}$ de la première suite et par $\dfrac{b}{a}$, c'est-à-dire par le second terme du binome $a + b$ divisé par le premier, j'ai $\tfrac{1}{2}\dfrac{b}{a}$ pour le second terme.

Je forme de même le troisième, en multipliant ce second par le second terme $-\tfrac{1}{4}$ de la première suite et par $\dfrac{b}{a}$, ce qui me donne $-\tfrac{1}{8}\dfrac{b^2}{a^2}$ pour le troisième.

Pour le quatrième, je multiplie ce troisième par le troisième terme $-\tfrac{1}{2}$ de la première suite et par $\dfrac{b}{a}$, et j'ai $+\tfrac{1}{16}\dfrac{b^3}{a^3}$ pour quatrième terme, et ainsi de suite.

Enfin je multiplie la totalité de ces termes par le premier terme du binome, élevé à la puissance $\tfrac{1}{2}$, et j'ai pour la valeur de $(a + b)^{\frac{1}{2}}$ ou de $\sqrt{a + b}$, la quantité suivante :

$$a^{\frac{1}{2}}\left(1 + \tfrac{1}{2}\frac{b}{a} - \tfrac{1}{8}\frac{b^2}{a^2} + \tfrac{1}{16}\frac{b^3}{a^3} - \tfrac{5}{128}\frac{b^4}{a^4} + \tfrac{35}{1280}\frac{b^5}{a^5} - \dots\right)$$

qu'il est facile de prolonger autant qu'on le jugera à propos.

158. Nous verrons, par la suite, l'usage de ces sortes d'approximations. Pour le présent, nous nous contenterons de faire voir par un exemple en nombres, comment on peut les employer pour approcher des racines des quantités numériques. Supposons qu'on veut avoir la racine carrée de 101. Je partagerai 101 en deux parties dont l'une soit un carré, le plus grand qu'il sera possible ; par exemple, je le partage en ces deux parties 100 et 1 ; je prends la première pour a et la seconde pour b, en sorte que je suppose $a = 100$ et $b = 1$; par conséquent $a^{\frac{1}{2}} = \overline{100}^{\frac{1}{2}} = \sqrt{100} = 10$; et $\dfrac{b}{a} = \tfrac{1}{100} = 0{,}01$; donc la série qui exprime $\sqrt{a+b}$, c'est-à-dire ici $\sqrt{101}$, deviendra, en mettant pour $a^{\frac{1}{2}}$ et $\dfrac{b}{a}$, leurs valeurs,

$$10\left\{1 + \frac{0,01}{2} - \frac{(0,01)^2}{8} + \frac{(0,01)^3}{16} - \frac{5(0,01)^4}{128} + \frac{35(0,01)^5}{1280} - \ldots\right\}$$

Supposons qu'on veut avoir cette racine jusqu'à un dix-millième près seulement ; alors il suffit de prendre les trois premiers termes ; car le quatrième qui est $\dfrac{(0,01)^3}{16}$ revient à $\dfrac{0,000001}{16}$, c'est-à-dire, à 0,0000000625 ; et quoiqu'il doive être multiplié par 10, qui doit multiplier tous les termes de la série, il ne produira que 0,000000625, qui est bien au-dessous d'un dix-millième. Les termes suivants sont à plus forte raison beaucoup au-dessous ; puisqu'étant continuellement multipliés par 0,01, qui est une fraction, ils doivent diminuer continuellement ; car en multipliant par une fraction, on ne prend (*Arithm.*, **120**) qu'une partie du multiplicande.

La valeur de $\sqrt{101}$ se réduit donc à $10\left(1 + \dfrac{0,01}{2} - \dfrac{(0,01)^2}{8}\right)$, c'est-à-dire, à $10\,(1 + 0,005 - 0,0000125)$, ou $10 \times 1,0049875$, ou 10,049875 ; c'est-à-dire 10,0499 en se bornant aux dix-millièmes.

Cette méthode peut s'appliquer à toutes sortes de racines et à toutes sortes de quantités ; nous en donnerons encore un exemple sur $\sqrt[5]{a^5 - x^5}$. Je change donc cette quantité en $(a^5 - x^5)^{\frac{1}{5}}$, et procédant comme ci-dessus, j'écris

$$\frac{1}{5}, \quad \frac{\frac{1}{5}-1}{2}, \quad \frac{\frac{1}{5}-2}{3}, \quad \frac{\frac{1}{5}-3}{4}, \quad \frac{\frac{1}{5}-4}{5}, \quad \text{etc.,}$$

ou
$$\frac{1}{5}, \quad -\frac{2}{5}, \quad -\frac{3}{5}, \quad -\frac{7}{10}, \quad -\frac{19}{25}, \quad \text{etc.}$$

Et posant 1 pour premier terme de la seconde suite, je forme cette seconde

$$1 - \frac{1}{5}\frac{x^5}{a^5} - \frac{2}{25}\frac{x^{10}}{a^{10}} - \frac{6}{125}\frac{x^{15}}{a^{15}} - \frac{42}{1250}\frac{x^{20}}{a^{20}} - \frac{798}{31250}\frac{x^{25}}{a^{25}} - \ldots$$

En multipliant le premier terme 1 par le premier terme $\frac{1}{5}$ de la suite supérieure, et par $-\dfrac{x^5}{a^5}$, c'est-à-dire par le second terme du binome, divisé par le premier; ce qui donne $-\frac{1}{5}\dfrac{x^5}{a^5}$ pour second terme de la série.

Pour avoir le troisième, je multiplie celui-ci par le second terme $-\frac{2}{5}$ de la suite supérieure, et par $-\dfrac{x^5}{a^5}$, ce qui me donne $\dfrac{-2x^{10}}{25a^{10}}$.

En calculant de même les suivants jusqu'au sixième, et multipliant le tout par le premier terme a^5 du binome, élevé à la puissance $\frac{1}{5}$, c'est-à-dire (**123**) par $a^{5\times\frac{1}{5}}$ ou par a j'ai pour valeur approchée de $\sqrt[5]{a^5 - x^5}$, la quantité

$$a\left(1 - \frac{x^5}{5a^5} - \frac{2x^{10}}{25a^{10}} - \frac{6x^{15}}{125a^{15}} - \frac{42x^{20}}{1250a^{20}} - \ldots\right).$$

159. Observons à l'égard de ces séries et de toutes les autres qu'on peut former de la même manière, qu'on doit toujours prendre pour premier terme de la quantité proposée, le plus grand terme; par exemple, dans $\sqrt{a + b}$ nous avons pris ci-dessus a pour premier terme; mais si b était plus grand que a, il aura fallu prendre b pour premier terme. La raison en est que lorsque b est plus grand que a, la première série $a^{\frac{1}{2}}\left(1 + \frac{1}{2}\dfrac{b}{a} - \frac{1}{8}\dfrac{b^2}{a^2} + \ldots\right)$ est trompeuse; car $\dfrac{b}{a}$ étant alors plus grand que l'unité, les termes suivants qui sont continuellement multipliés par $\dfrac{b}{a}$ vont toujours en augmentant, en sorte qu'on n'a aucune raison de s'arrêter après un certain nombre de termes. Mais si dans ce même cas on forme la série en prenant b pour premier terme, on aura $b^{\frac{1}{2}}\left(1 + \frac{1}{2}\dfrac{a}{b} - \frac{1}{8}\dfrac{a^2}{b^2} + \ldots\right)$, dans laquelle les termes vont en décroissant.

Les séries dont les termes vont en augmentant de valeur à mesure qu'ils s'éloignent de l'origine s'appellent *séries divergentes*; et au contraire on appelle *séries convergentes* celles dont les termes diminuent de valeur à mesure qu'ils s'éloignent de l'origine.

160. Nous avons vu (**141**) que toute fraction algébrique pouvait être mise sous la forme d'un entier, en faisant passer son dénominateur au numérateur avec un exposant négatif. Cette observation nous fournit le moyen de réduire en série toute fraction dont le dénominateur serait complexe, ce qui sera utile par la suite. Par exemple, si j'avais $\dfrac{a^2}{a^2 - x^2}$; au lieu de cette quantité j'écrirais $a^2 \times (a^2 - x^2)^{-1}$, et alors j'élèverais $a^2 - x^2$ à la puissance -1 selon la règle donnée (**151**) ; c'est-à-dire que je poserais d'abord la série -1, $\dfrac{-1-1}{2}$, $\dfrac{-1-2}{3}$, $\dfrac{-1-3}{4}$, etc. ou -1, -1, -1, -1, etc.

Et je formerais la série suivante :

$$1 + \frac{x^2}{a^2} + \frac{x^4}{a^4} + \frac{x^6}{a^6} + \frac{x^8}{a^8} + \cdots$$

en multipliant le premier terme 1 de cette seconde par le premier terme -1 de la série supérieure et par $-\dfrac{x^2}{a^2}$, ce qui donnerait $+\dfrac{x^2}{a^2}$; multipliant celui-ci par le second terme -1 de la série supérieure, et par $-\dfrac{x^2}{a^2}$; et ainsi de suite. Après quoi je multiplierais la totalité par le premier terme a^2 élevé à la puissance -1, c'est-à-dire (**123**) par $a^{2 \times -1}$ ou a^{-2}, ce qui me donnerait

$$a^{-2}\left(1 + \frac{x^2}{a^2} + \frac{x^4}{a^4} + \frac{x^6}{a^6} + \frac{x^8}{a^8} + \cdots\right)$$

pour valeur de $(a^2 - x^2)^{-1}$. Donc pour avoir $a^2(a^2 - x^2)^{-1}$, il ne s'agit plus que de multiplier par a^2 ; or $a^{-2} \times a^2$ donnant a^{2-2} (**20**) ou a^0, qui se réduit à 1 ; on aura donc

$$a^2(a^2 - x^2)^{-1} = 1 + \frac{x^2}{a^2} + \frac{x^4}{a^4} + \frac{x}{a^6} + \frac{x^8}{a^8} + \cdots$$

On s'y prendrait de même pour réduire en série $\dfrac{a^2}{(a^2 + x^2)^3}$; on considérerait cette quantité comme $a^2(a^2 + x^2)^{-3}$. Pareillement au lieu de $\dfrac{a^3}{\sqrt[5]{(a^2 + x^2)^3}}$, on écrirait $\dfrac{a^2}{(a^2 + x^3)^{\frac{3}{5}}}$, et ensuite $a^2(a^2 + x^2)^{-\frac{3}{5}}$, et ainsi des autres.

161. Nous avons supposé que la même formule qui servait pour former les puissances parfaites d'un binome, pouvait aussi servir pour en former les puissances imparfaites. Comme les principes sur lesquels cette formule est fondée, supposent que l'exposant est un nombre entier positif, on pourrait douter qu'on pût l'appliquer légitimement au cas où cet exposant est fractionnaire positif ou négatif, ou entier négatif. Voici comment on peut se convaincre que la même formule peut servir dans tous ces cas. Soit en général $(a+b)^{\frac{m}{n}}$, $\frac{m}{n}$ étant positif. On aura (**151**)

$$(a+b)^{\frac{m}{n}}=a^{\frac{m}{n}}\left\{1+\frac{m}{n}\frac{b}{a}+\frac{m}{n}\left(\frac{\frac{m}{n}-1}{2}\right)\frac{b^2}{a^2}+\frac{m}{n}\left(\frac{\frac{m}{n}-1}{2}\right)\left(\frac{\frac{m}{n}-2}{3}\right)\frac{b^3}{a^3}\ldots\right\}.$$

Faisons, pour abréger, la somme de tous les termes de cette série, excepté le premier, égale à p; c'est-à-dire faisons

$$p=\frac{m}{n}\frac{b}{a}+\frac{m}{n}\left(\frac{\frac{m}{n}-1}{2}\right)\frac{b^2}{a^2}+\frac{m}{n}\left(\frac{\frac{m}{n}-1}{2}\right)\left(\frac{\frac{m}{n}-2}{3}\right)\frac{b^3}{a^3}\ldots;$$

alors nous aurons $\quad (a+b)^{\frac{m}{n}}=a^{\frac{m}{n}}(1+p)$.

Élevons chaque membre à la puissance n, et (**125**) nous aurons

$$(a+b)^{\frac{mn}{n}}=a^{\frac{mn}{n}}(1+p)^n,$$

c'est-à-dire $\quad (a+b)^m=a^m(1+p)^n.$

Or nous savons que $(a+b)^m$ a pour valeur

$$a^m\left\{1+m\frac{b}{a}+m\left(\frac{m-1}{2}\right)\frac{b^2}{a^2}+m\left(\frac{m-1}{2}\right)\left(\frac{m-2}{3}\right)\frac{b^3}{a^3}\ldots\right\};$$

si donc $a^m(1+p)^n$ revient à cette quantité, ce sera une preuve, la dernière égalité ayant lieu, que toutes celles dont elle est déduite ont lieu; et que par conséquent la valeur de $(a+b)^{\frac{m}{n}}$ doit être telle que la donne la première équation.

Voyons donc si $a^m(1+p)^n$ revient au même que $(a+b)^m$.

Or $\quad (1+p)^n=1+np+n\left(\frac{n-1}{2}\right)p^2+n\left(\frac{n-1}{2}\right)\left(\frac{n-2}{3}\right)p^3\ldots.$

Substituons dans ce second membre, au lieu de p sa valeur; mais pour ne pas embrasser trop de calcul à la fois, ne tenons compte dans cette substitution que des termes qui ne passeront par le cube. Nous aurons donc

$$p = \frac{m}{n}\,\frac{b}{a} + \frac{m}{n}\left(\frac{\frac{m}{n}-1}{2}\right)\frac{b^2}{a^2} + \frac{m}{n}\left(\frac{\frac{m}{n}-1}{2}\right)\left(\frac{\frac{m}{n}-2}{3}\right)\frac{b^3}{n^3}\ldots$$

$$p^2 = \frac{m^2}{n^2}\,\frac{b^2}{a^2} + 2\,\frac{m^2}{n^2}\left(\frac{\frac{m^2}{n^2}-1}{2}\right)\frac{b^3}{a^3}\ldots$$

$$p^3 = \frac{m^3}{n^3}\,\frac{b^3}{a^3}.$$

Par conséquent $1 + np + n\left(\frac{n-1}{2}\right)p^2 + n\left(\frac{n-1}{2}\right)\left(\frac{n-2}{3}\right)p^3\ldots$

deviendra $\quad 1 + m\,\frac{b}{a} + m\left(\frac{\frac{m}{n}-1}{2}\right)\frac{b^2}{a^2} + m\left(\frac{\frac{m}{n}-1}{2}\right)\left(\frac{\frac{m}{n}-2}{3}\right)\frac{b^3}{a^3}\ldots$

$$+ \frac{m^2}{n}\left(\frac{n-1}{2}\right)\frac{b^2}{a^2} + \frac{2m^2}{n}\left(\frac{\frac{m}{n}-1}{2}\right)\left(\frac{n-1}{2}\right)\frac{b^3}{a^3}\ldots$$

$$+ \frac{m^3}{n^2}\left(\frac{n-1}{2}\right)\left(\frac{n-2}{3}\right)\frac{b^3}{a^3}\ldots$$

Or $m\left(\frac{\frac{m}{n}-1}{2}\right) + \frac{m^2}{n}\left(\frac{n-1}{2}\right)$, qui est la totalité de ce qui multiplie $\frac{b^2}{a^2}$ se réduit à

$$m\left(\frac{m-n}{2n} + \frac{mn-m}{2n}\right), \quad \text{ou} \quad m\left(\frac{mn-n}{2n}\right), \quad \text{ou enfin} \quad m\left(\frac{m-1}{2}\right).$$

Pareillement

$$m\left(\frac{\frac{m}{n}-1}{2}\right)\left(\frac{\frac{m}{n}-2}{3}\right) + \frac{2m^2}{n}\left(\frac{\frac{m}{n}-1}{2}\right)\left(\frac{n-1}{2}\right) + \frac{m^3}{n^2}\left(\frac{n-1}{2}\right)\left(\frac{n-2}{3}\right),$$

qui est la totalité de ce qui multiplie $\frac{b^3}{a^3}$, se réduit à

$$m\left\{\frac{m-n}{2n}\left(\frac{m-2n}{3n}\right) + \frac{m}{n}\left(\frac{m-n}{n}\right)\left(\frac{n-1}{2}\right) + \frac{m^2}{n^2}\left(\frac{n-1}{2}\right)\left(\frac{n-2}{3}\right)\right\},$$

ou $\quad \frac{m}{2n.3n}\{(m-n)(m-2n) + 3m(m-n)(n-1) + m^2(n-1)(n-2)\}$,

ou, en faisant les opérations indiquées et les réductions, à

$$\frac{m}{2.3}(m^2 - 3m + 2), \quad \text{ou} \quad m\left(\frac{m-1}{2}\right)\left(\frac{m-2}{3}\right).$$

Donc la quantité

$$1 + np + n\left(\frac{n-1}{2}\right)p^2 + n\left(\frac{n-1}{2}\right)\left(\frac{n-2}{3}\right)p^3 \ldots$$

revient à

$$1 + m\frac{b}{a} + m\left(\frac{m-1}{2}\right)\frac{b^2}{a^2} + m\left(\frac{m-1}{2}\right)\left(\frac{m-2}{3}\right)\frac{b^3}{a^3} \ldots$$

Et si, au lieu de se borner aux termes qui ne passent pas le cube, on poursuivait plus loin, on trouverait de même que les termes suivants de cette série sont

$$m\left(\frac{m-1}{2}\right)\left(\frac{m-2}{3}\right)\left(\frac{m-3}{4}\right)\frac{b^4}{a^4}, \quad m\left(\frac{m-1}{2}\right)\left(\frac{m-2}{3}\right)\left(\frac{m-3}{4}\right)\left(\frac{m-4}{5}\right)\frac{b^5}{a^5}, \text{ etc.}$$

Donc

$$a^m\left\{ 1 + np + n\left(\frac{n-1}{2}\right)p^2 + n\left(\frac{n-1}{2}\right)\left(\frac{n-2}{3}\right)p^3 \ldots \right\}$$

revient à

$$a^m\left\{ 1 + m\frac{b}{a} + m\left(\frac{m-1}{2}\right)\frac{b^2}{a^2} + m\left(\frac{m-1}{2}\right)\left(\frac{m-2}{3}\right)\frac{b^3}{a^3} \ldots \right\}.$$

Donc l'équation $\quad (a+b)^m = a^m(1+p)^n$

est vraie; donc aussi l'équation

$$(a+b)^{\frac{m}{n}} = a^{\frac{m}{n}}(1+p)$$

dont celle-là a été déduite, ou (ce qui revient au même) l'équation

$$(a+b)^{\frac{m}{n}} = a^{\frac{m}{n}}\left\{ 1 + \frac{m}{n}\frac{b}{a} + \frac{m}{n}\left(\frac{\frac{m}{n}-1}{2}\right)\frac{b^2}{a^2} + \frac{m}{n}\left(\frac{\frac{m}{n}-1}{2}\right)\left(\frac{\frac{m}{n}-2}{3}\right)\frac{b^3}{a^3} \ldots \right\}$$

est vraie. Donc la formule qui sert à élever à une puissance dont l'exposant est un nombre entier positif, peut servir aussi à élever à une puissance dont l'exposant est un nombre fractionnaire positif.

Pour faire voir que la même formule peut être employée lorsque l'exposant est négatif, il faut remarquer que si nous représentons par T la totalité des termes que donnerait $(a+b)^{-\frac{m}{n}}$, en le développant suivant la même règle, on aura

$$(a+b)^{-\frac{m}{n}} = T, \quad \text{c'est-à-dire} \quad \frac{1}{(a+b)^{\frac{m}{n}}} = T,$$

et par conséquent $\quad 1 = T(a+b)^{\frac{m}{n}}.$

Il faut donc prouver que si l'on multiplie là somme T des termes que donnera $(a+b)^{-\frac{m}{n}}$ évalué selon la règle que nous avons donnée; si on la multiplie, dis-je, par la valeur de $(a+b)^{\frac{m}{n}}$, le produit se réduira à l'unité. Or $(a+b)^{-\frac{m}{n}}$ donnerait suivant cette règle

$$a^{-\frac{m}{n}}\left\{1-\frac{m}{n}\frac{b}{a}+\frac{m}{n}\left(\frac{\frac{m}{n}-1}{2}\right)\frac{b^2}{a^2}-\frac{m}{n}\left(\frac{\frac{m}{n}-1}{2}\right)\left(\frac{\frac{m}{n}-2}{3}\right)\frac{b^3}{a^3}\cdots\right\};$$

et $(a+b)^{\frac{m}{n}}$ donnera

$$a^{\frac{m}{n}}\left\{1+\frac{m}{n}\frac{b}{a}+\frac{m}{n}\left(\frac{\frac{m}{n}-1}{2}\right)\frac{b^2}{a^2}+\frac{m}{n}\left(\frac{\frac{m}{n}-1}{2}\right)\left(\frac{\frac{m}{n}-2}{3}\right)\frac{b^3}{a^3}\cdots\right\}.$$

Multipliant ces deux quantités l'une par l'autre, et se bornant au cube de $\frac{a}{b}$, on aura

$$a^{\frac{m}{n}-\frac{m}{n}}\left\{1-\frac{m}{n}\frac{b}{a}+\frac{m}{n}\left(\frac{\frac{m}{n}-1}{2}\right)\frac{b^2}{a^2}-\frac{m}{n}\left(\frac{\frac{m}{n}-1}{2}\right)\left(\frac{\frac{m}{n}-2}{3}\right)\frac{b^3}{a^3}\cdots\right.$$
$$+\frac{m}{n}\frac{b}{a}-\qquad\frac{m^2}{n^2}\frac{b^2}{a^2}+\qquad\frac{m^2}{n^2}\left(\frac{\frac{m}{n}-1}{2}\right)\frac{b^3}{a^3}\cdots$$
$$+\frac{m}{n}\left(\frac{\frac{m}{n}-1}{2}\right)\frac{b^2}{a^2}-\qquad\frac{m^2}{n^2}\left(\frac{\frac{m}{n}-1}{2}\right)\frac{b^3}{a^3}\cdots$$
$$\left.+\frac{m}{n}\left(\frac{\frac{m}{n}-1}{2}\right)\left(\frac{\frac{m}{n}-2}{3}\right)\frac{b^3}{a^3}\cdots\right\}.$$

Or si l'on se donne la peine d'en faire le calcul, on verra que la somme des quantités qui multiplient $\frac{b}{a}$, de celles qui multiplient $\frac{b^2}{a^2}$, de celles qui multiplient $\frac{b^3}{a^3}$, se réduit à zéro; et il en sera de même des puissances suivantes, si l'on pousse le calcul au delà de $\frac{b^3}{a^3}$; donc ce produit se réduit à $a^{\frac{m}{n}-\frac{m}{n}}\times 1$ ou $a^0\times 1$ ou 1×1, c'est-à-dire 1. Donc la formule peut servir dans tous les cas.

DES ÉQUATIONS A DEUX INCONNUES LORSQU'ELLES PASSENT LE PREMIER DEGRÉ.

162. Une équation à une seule inconnue est dite du troisième, du quatrième, du cinquième, etc. degré, lorsque la plus haute puissance de l'inconnue est la troisième, la quatrième, la cinquième, etc.; mais outre cette puissance, une équation peut encore renfermer toutes les puissances inférieures; ainsi

$$x^3 = 8, \quad x^3 + 5x^2 = 4, \quad x^3 + 6x^2 - 9x = 7,$$

sont toutes des équations du 3ᵉ degré.

Une équation à deux ou à un plus grand nombre d'inconnues est dite passer le premier degré, non-seulement lorsque l'une de ces inconnues passe le premier degré, mais encore lorsque quelques-unes de ces mêmes inconnues sont multipliées entre elles; et, en général, le degré s'estime par la plus forte somme que puissent faire les exposants dans un même terme : l'équation $x^3 + y^3 = a^2 b$ est du troisième degré; l'équation $bx^2 + x^2 y + ay^2 = ab^2$ est aussi du troisième degré, parce que les exposants de x et de y dans le terme $x^2 y$ font 3; dans les autres termes, les exposants sont moindres.

163. Pour résoudre les questions qui conduisent à des équations à plusieurs inconnues, et au delà du premier degré, il faut, comme pour celle du premier degré, réduire ces équations à une seule qui ne renferme plus qu'une inconnue.

Si l'on a deux équations et deux inconnues, et que, dans l'une de ces équations, l'une des inconnues ne passe pas le premier degré, *prenez la valeur de cette inconnue comme si tout le reste était connu, substituez cette valeur dans l'autre équation, et vous aurez une nouvelle équation qui ne renfermera plus qu'une inconnue.*

Par exemple si l'on me proposait cette question : trouver deux nombres dont la somme soit 12, et dont le produit soit 35; en représentant ces deux nombres par x et y, j'aurais

$$x + y = 12, \quad \text{et} \quad xy = 35.$$

De la première je tire

$$x = 12 - y;$$

substituant dans la seconde équation, cette valeur de x, j'aurai

$$(12 - y)\, y = 35 \quad \text{ou} \quad 12y - yy = 35,$$

équation du second degré qui, étant résolue suivant les règles données (**99** et suiv.), donnera $y = 6 \pm 1$, c'est-à-dire $y = 7$ ou $y = 5$; et puisque $x = 12 - y$, on aura $x = 5$ ou $x = 7$; c'est-à-dire, que les deux nombres cherchés sont 5 et 7 ou 7 et 5.

Pareillement, si j'avais les équations

$$x + 3y = 6 \quad \text{et} \quad x^2 + y^2 = 12.$$

De la première, je tirerais

$$x = 6 - 3y;$$

substituant dans la seconde, j'aurais

$$(6 - 3y)^2 + y^2 = 12;$$

faisant l'opération indiquée, j'ai

$$36 - 36y + 9y^2 + y^2 = 12;$$

ou en passant tout d'un même côté, et réduisant,

$$10y^2 - 36y + 24 = 0;$$

équation du second degré, qu'on peut résoudre par les règles données (**99** et suiv.).

Prenons pour troisième exemple, les deux équations

$$xy + y^2 = 5 \quad \text{et} \quad x^3 + x^2y = y^2 + 7.$$

La première donne $\quad x = \dfrac{5 - y^2}{y};$

substituant dans la seconde, on a

$$\left(\frac{5 - y^2}{y}\right)^3 + \left(\frac{5 - y^2}{y}\right)^2 y = y^2 + 7$$

ou $\quad \dfrac{(5 - y^2)^3}{y^3} + \dfrac{(5 - y^2)^2 y}{y^2} = y^2 + 7.$

Pour chasser les fractions, il suffit ici de multiplier le second terme par y et le second membre par y^3, ce qui donne

$$(5 - y^2)^3 + (5 - y^2)^2 y^2 = y^5 + 7y^3.$$

Faisant les opérations indiquées, on a,

$$125 - 75y^2 + 15y^4 - y^6 + 25y^2 - 10y^4 + y^6 = y^5 + 7y^3;$$

passant tout dans le premier membre et réduisant, on a, après avoir changé les signes,

$$y^5 - 5y^4 + 7y^3 + 50y^2 - 125 = 0,$$

équation qui ne renferme plus que y, mais qui est du cinquième degré.

164. A l'occasion de cet exemple nous ferons remarquer que lorsque quelques-uns des dénominateurs de l'équation ont quelques facteurs communs entre eux, on peut faire disparaître ces dénominateurs plus simplement que par la règle générale, en examinant par quelle quantité il faudrait multiplier ces dénominateurs pour qu'ils devinssent égaux. Cette remarque est analogue à celle que nous avons faite (**48**) au sujet des fractions.

Par exemple, si j'avais l'équation

$$\frac{cx}{ab} + \frac{dx}{ac} = e,$$

je la changerais en $\quad \dfrac{c^2x + bdx}{abc} = e,$

en multipliant les deux termes de la première fraction par c, et les deux termes de la seconde par b; alors chassant le dénominateur, j'aurais

$$c^2x + bdx = abce.$$

165. *Si dans l'une des équations l'une des deux inconnues ne passe pas le second degré, prenez dans celle-ci la valeur du carré de l'inconnue la moins élevée et substituez-la dans l'autre, à la place du carré de cette même inconnue et de ses puissances; et continuez de substituer jusqu'à ce que cette inconnue ne se trouve plus qu'au premier degré. Alors tirez de cette dernière équation la valeur de cette même inconnue, et substituez-la dans la première.*

Par exemple, si j'avais

$$x^2 + 3y^2 = 6x \quad \text{et} \quad 2x^3 - 3y^2 = 8,$$

je prendrais, dans la première, la valeur de x^2 qui est

$$x^2 = 6x - 3y^2\,;$$

la substituant dans la seconde, j'aurais (en faisant attention que x^3 est $x^2 \times x$),

$$2(6x - 3y^2)x - 3y^2 = 8,$$

qui se réduit à $\quad 12x^2 - 6xy^2 - 3y^2 = 8\,;$

comme il y a encore x^2 dans celle-ci, j'y substitue de nouveau, la même valeur de x^2 que ci-dessus, et j'ai

$$72x - 36y^2 - 6xy^2 - 3y^2 = 8,$$

équation dans laquelle x n'est plus qu'au premier degré.

J'en tire la valeur de x, et j'ai

$$x = \frac{39y^2 + 8}{72 - 6y^2};$$

je substitue cette valeur dans la première équation $x^2 + 3y^2 = 6x$:

il me vient $\quad \left(\dfrac{39y^2 + 8}{72 - 6y^2}\right)^2 + 3y^2 = 6\left(\dfrac{39y^2 + 8}{72 - 6y^2}\right),$

ou $\quad \dfrac{(39y^2 + 8)^2}{(72 - 6y^2)^2} + 3y^2 = \dfrac{234y^2 + 48}{72 - 6y^2},$

ou (**164**) $\dfrac{(39y^2 + 8)^2}{(72 - 6y^2)^2} + 3y^2 = \dfrac{(234y^2 + 48)(72 - 6y^2)}{(72 - 6y^2)^2},$

ou enfin, en chassant le dénominateur commun,

$$(39y^2 + 8)^2 + 3y^2(72 - 6y^2)^2 = (234y^2 + 48)(72 - 6y^2),$$

équation dans laquelle il n'y a plus à faire que des multiplications et des réductions ordinaires.

166. Lorsque les équations sont de degrés plus élevés, on peut, en suivant une méthode analogue à celle que nous venons d'exposer, arriver aussi à l'équation qui ne renferme plus qu'une inconnue; mais il est difficile d'éviter un inconvénient qui accompagne alors cette méthode : cet inconvénient est de faire monter l'équation à un degré plus élevé qu'elle ne doit être. Nous allons exposer une méthode qui n'est pas sujette à cette difficulté.

167. Toute équation à deux inconnues peut être toujours mise sous cette forme

$$Ax^m + Bx^{m-1} + Cx^{m-2} \ldots + T = 0;$$

m marquant le degré auquel x est élevé. En effet, on peut toujours faire une totalité des différents termes composés de y et des quantités connues qui multiplient chaque puissance de x, et représenter cette totalité par une seule lettre; par exemple, dans l'équation

$$ax^2 + bxy + cy^2 + dx + ey + f = 0,$$

qui peut généralement représenter toutes les équations du second degré à deux inconnues (car il ne peut s'y trouver d'autres puissances de ces inconnues), on peut rassembler les termes en cette manière

$$ax^2 + (d + by)\, x + cy^2 + ey + f = 0,$$

et pour abréger, l'écrire ainsi :

$$Ax^2 + Bx + C = 0,$$

sauf à remettre, au lieu de A, B, C, ce que ces lettres représentent, après qu'on aura fait, de l'équation

$$Ax^2 + Bx + C = 0,$$

l'usage pour lequel on lui donne cette forme. Cela posé, soient donc

$$Ax^m + Bx^{m-1} + Cx^{m-2} + Dx^{m-3} + \dots\, T = 0$$
$$\text{et} \quad A'x^m + B'x^{m-1} + C'x^{m-2} + D'x^{m-3} + \dots\, T' = 0$$

les deux équations proposées, dont il s'agit de chasser ou éliminer x. Je les suppose d'abord du même degré; nous verrons ensuite ce qu'il faut faire quand elles sont de différents degrés.

On multipliera la première par A', la seconde par A, et l'on retranchera le second produit du premier, ce qui donnera une équation du degré $m-1$.

On multipliera la première par $A'x + B'$, la seconde par $Ax + B$, et l'on retranchera le second produit du premier, ce qui donnera une seconde équation du degré $m-1$.

On multipliera la première par $A'x^2 + B'x + C'$, la seconde par $Ax^2 + Bx + C$, on retranchera le second produit du premier, ce qui donnera une troisième équation du degré $m-1$.

On continuera de même jusqu'à ce que le multiplicateur soit devenu du degré $m-1$.

Cela posé, on aura m équations, chacune du degré $m-1$. On considérera dans chacune les différentes puissances x^{m-1}, x^{m-2}, x^{m-3}, etc., comme si elles étaient autant d'inconnues au premier degré. Par le moyen des $m-1$ premières équations ou en général par le moyen d'un nombre $m-1$ de ces équations, on déterminera (85) les valeurs de ces inconnues que l'on substituera dans la dernière. Cette opération donnera une équation sans x, dans laquelle mettant pour A, B, et C, A',

B', C', etc. , les quantités que ces lettres représentent, et qui peuvent d'ailleurs renfermer telles puissances de y qu'on voudra , on aura l'équation en y.

Par exemple, si j'avais les deux équations

$$A x^2 + B x + C = 0,$$
$$A' x^2 + B' x + C' = 0,$$

qui peuvent représenter toutes les équations à deux inconnues , dans lesquelles l'une seulement des deux inconnues ne passe pas le second degré ; en multipliant la première par A', la seconde par A, retranchant le second produit du premier, et réduisant , j'aurais

$$(A'B - AB')x + A'C - AC' = 0.$$

Multipliant la première équation par $A'x + B'$, la seconde par $Ax + B$, retranchant le second produit du premier, et réduisant j'aurais

$$(A'C - AC')x + B'C - BC' = 0.$$

Prenant donc, dans la première , la valeur de x qui est

$$x = \frac{AC' - A'C}{A'B - AB'},$$

et la substituant dans la seconde, j'aurai

$$(A'C - AC') \times \frac{AC' - A'C}{A'B - AB'} + B'C - BC' = 0.$$

Ou [à cause que $AC' - A'C$ est la même chose que $-(A'C - AC')$], j'aurai

$$\frac{-(A'C - AC')^2}{A'B - AB'} + B'C - BC' = 0,$$

ou enfin

$$-(A'C - AC')^2 + (A'B - AB')(B'C - BC') = 0.$$

Si l'on avait les deux équations

$$A x^3 + B x^2 + C x + D = 0,$$
$$A' x^3 + B' x^2 + C' x + D' = 0.$$

Multipliant la première par A', la seconde par A, retranchant et réduisant, on aurait

$$(A'B - AB')x^2 + (A'C - AC')x + A'D - AD' = 0.$$

Multipliant la première par $A'x + B'$, la seconde par $Ax + B$, retranchant et réduisant, on aurait

$$(A'C - AC')x^2 + (A'D - AD' + B'C - BC')x + B'D - BD' = 0.$$

Enfin, multipliant la première par $A'x^2 + B'x + C'$, la seconde par $Ax^2 + Bx + C$, retranchant et réduisant, on aurait

$$(A'D - AD')x^2 + (B'D - BD')x + C'D - CD' = 0.$$

Il ne s'agit plus maintenant, en considérant x^2 et x comme des inconnues au premier degré, que de déterminer leurs valeurs à l'aide de deux quelconques de ces trois équations du second degré, et de substituer ces valeurs dans la troisième.

168. Si les deux équations proposées n'étaient pas au même degré pour x, alors on opérera comme il suit.

Soient m et n les deux exposants, et m le plus grand. On multipliera l'équation du degré n par x^{m-n}, ce qui les mettra toutes deux au même degré. Alors on opérera comme dans le cas précédent, en continuant les multiplications jusqu'à ce que le multiplicateur soit devenu du degré $n - 1$, ce qui donnera n équations, chacune du degré $m - 1$.

On substituera dans chacune et dans toutes les puissances supérieures à x^n, la valeur de x^n tirée de l'équation du degré n, et on continuera de substituer jusqu'à ce que la plus haute puissance restante soit x^{m-n}, ce qui sera toujours possible ; alors on aura n équations chacune du degré $n - 1$. En employant $n - 1$ de ces équations, on déterminera les valeurs de x^{n-1}, x^{n-2}, x^{n-3}, etc., considérées comme autant d'inconnues au premier degré, et on les substituera dans la dernière.

Cette méthode est générale. Elle peut être simplifiée dans beaucoup de cas que nous ne nous arrêterons pas à détailler. Nous nous contenterons de remarquer que dans les multiplications successives par A' et A, $A'x + B'$ et $Ax + B$, etc., on peut se dispenser de multiplier le premier, les deux premiers, etc. termes des deux équations proposées, et en général autant des premiers termes qu'il entre de termes dans le multiplicateur, parce que le produit qu'ils donneront s'anéantira par la soustraction.

169. Si l'on détermine les valeurs des différentes puissances de x d'après la règle que nous avons donnée pour les équations du premier degré à plusieurs inconnues, l'équation finale en y

ne montera jamais à un degré plus haut que mn, en supposant que le plus haut exposant de x, ainsi que celui de y, soit m dans l'une des équations et n dans l'autre. Mais si les exposants de x et de y sont inégaux dans chaque équation, en sorte que ceux de x dans la première et dans la seconde étant toujours m et n, ceux de y soient $m + p$ et $n + q$, l'équation finale en y ne passera jamais le degré $mn + mq + np$. (Voy. pour la démonstration les *Mémoires de l'Académie des Sciences*, année 1764. Voy. aussi les *Mémoires de l'Académie de Berlin*, année 1748, et l'*Analyse des lignes courbes,* de Cramer.)

DES ÉQUATIONS A PLUS DE DEUX INCONNUES LORSQU'ELLES PASSENT LE PREMIER DEGRÉ.

170. Lorsqu'on a plus de deux équations et plus de deux inconnues, trois par exemple, on peut s'y prendre de la même manière, en éliminant d'abord une des inconnues par le moyen de la première et de la seconde équation, traitées selon la méthode précédente; et en éliminant encore la même inconnue par le moyen de la première et de la troisième ou de la seconde et de la troisième. On aura par ce moyen deux équations qui ne renfermeront plus que deux inconnues, que l'on traitera encore selon la méthode précédente.

Mais nous ne devons pas dissimuler que cette méthode qui conduit sûrement, lorsqu'on n'a que deux équations et deux inconnues, tombe néanmoins dans l'inconvénient de conduire à des équations plus élevées qu'il ne faut, lorsque le nombre des équations proposées est plus grand que 2.

Le moyen d'éviter cet inconvénient, est d'éliminer en combinant les équations, non pas deux à deux, mais trois à trois, lorsqu'il y en a trois; quatre à quatre, lorsqu'il y en a quatre, etc. Mais cette manière de les combiner exige encore un choix particulier, dont le détail nous mènerait trop loin. On le trouvera dans les *Mémoires de l'Académie des Sciences*, pour l'année 1764. On y trouvera aussi plusieurs recherches sur le degré où doit monter l'équation finale résultante de l'élimination de plusieurs inconnues. Au reste, quoique ces méthodes auxquelles nous renvoyons, abaissent considérablement le degré auquel conduiraient celles qu'on a eues jusqu'ici, et autant qu'il est possible en n'éliminant qu'une inconnue à la fois, il y a lieu de croire cependant qu'il peut être encore diminué; mais probablement on n'y parviendra que quand on aura trouvé une méthode pour éliminer à la fois toutes les inconnues hors une, ce que je ne sache pas qu'on puisse encore pratiquer généralement sur d'autres équations que sur celles du premier degré *.

DES ÉQUATIONS A DEUX TERMES.

171. On appelle *équations à deux termes* celles dans lesquelles il n'entre qu'une seule puissance de l'inconnue, parce qu'elles peuvent toujours être réduites à deux termes. Par exemple, l'équation

$$ax^5 + bx^5 = a^4 b^2 - a^3 b^3$$

est une équation à deux termes, parce qu'en la mettant sous cette forme

$$(a + b)x^5 = a^4 b^2 - a^3 b^3,$$

on voit que a et b étant des quantités connues, on pourra toujours réduire $a + b$ à une seule quantité, et $a^4 b^2 - a^3 b^3$ pareillement à une seule quantité; en sorte que cette équation peut être représentée par cette autre $px^5 = q$. Ces équations sont très-faciles à résoudre; car il est évident qu'après avoir dégagé la puissance de l'inconnue, par les mêmes règles que dans les autres équations, il ne reste plus qu'à tirer la racine du degré marqué par l'exposant de l'inconnue. Par exemple, l'équation $px^5 = q$, deviendrait $x^5 = \dfrac{q}{p}$, et tirant la racine cinquième,

$$x = \sqrt[5]{\frac{q}{p}}.$$

172. Lorsque l'exposant est impair, il n'y a jamais qu'une seule valeur réelle. Par exemple, si l'on avait cette équation $x^5 = 1024$, on aurait $x = \sqrt[5]{1024} = 4$; or il est évident qu'il n'y a qu'un seul nombre réel qui, élevé à la cinquième puissance, puisse produire 1024.

Si le second membre de l'équation avait le signe —, la va-

---

* Cette méthode, nous l'avons trouvée depuis; si on consulte l'ouvrage que nous avons publié en 1779, sous le titre *Théorie générale des Équations algébriques,* Paris, in-4, on y trouvera tout ce que l'on peut désirer de savoir sur le degré de l'équation finale résultante de tant d'équations qu'on voudra, et sur les moyens de l'obtenir la plus simple qu'il soit possible.

leur de x aurait le signe $-$; parce que $-$ combiné par multiplication avec $-$, un nombre impair de fois, donne $-$; mais lorsque l'exposant est pair, l'inconnue a deux valeurs, l'une positive, l'autre négative, et qui peuvent être ou toutes deux réelles, ou toutes deux imaginaires. Ce dernier cas aura lieu si le second membre a le signe $-$. Si l'on avait l'équation $x^4 = 625$, on en conclurait $x = \sqrt[4]{625} = 5$; mais puisque $-$ multiplié par $-$, un nombre pair de fois, donne la même chose que $+$ multiplié par $+$, -5 peut satisfaire aussi bien que $+5$; ainsi il faut écrire $x = \pm \sqrt[4]{625} = \pm 5$ comme dans les équations du second degré. Si au contraire on avait eu $x^4 = -625$, on aurait conclu $x = \pm \sqrt[4]{-625}$; mais ces deux valeurs sont imaginaires, parce qu'il n'y a aucun nombre positif ou négatif qui, multiplié par lui-même un nombre pair de fois, puisse produire une quantité négative. Appliquons ces équations à une question. Supposons qu'on demande de *trouver deux moyennes proportionnelles entre* 5 *et* 625. En nommant x et y ces inconnues, on aura

$$\div 5 : x \,:\, y : 625,$$

qui donne ces deux proportions

$$5 : x :: x : y$$

et
$$x : y :: y : 625.$$

D'où l'on déduit ces deux équations, en multipliant les extrêmes et les moyens,

$$5y = x^2 \quad \text{et} \quad 625x = y^2.$$

La première donne $\qquad y = \dfrac{x^2}{5};$

substituant dans la seconde, on a

$$625x = \frac{x^4}{25};$$

divisant par x et multipliant par 25, on a

$$x^3 = 15625,$$

et enfin $\qquad x = \sqrt[3]{15625} = 25;$

donc $\qquad y = \dfrac{x^2}{5} = \dfrac{625}{5} = 125.$

DES ÉQUATIONS QUI PEUVENT SE RÉSOUDRE A LA MANIÈRE DE CELLES DU SECOND DEGRÉ.

173. Ces équations ne doivent renfermer que deux puissances différentes de x, mais dont l'une ait un exposant double de celui de l'autre. Par exemple,

$$x^4 + 5x^2 = 8, \quad x^6 + 5x^3 = 8,$$

sont dans ce cas. Ces équations se résolvent comme celles du second degré : après avoir rendu la plus haute puissance positive, si elle ne l'est pas, et après avoir dégagé cette même puissance des quantités qui la multiplient ou la divisent, on prend la moitié de ce qui multiplie la puissance inférieure de l'inconnue, et on ajoute à chaque membre le carré de cette moitié, ce qui rend le premier membre un carré parfait. Alors on tire la racine carrée de chaque membre, en donnant à celle du second le double signe $\pm$. L'équation est réduite à une équation à deux termes.

Par exemple, si l'on demandait de *trouver deux nombres dont la somme des cubes fût* 35, *et dont le produit fût* 6 : on aurait ces deux équations

$$x^3 + y^3 = 35 \quad \text{et} \quad xy = 6.$$

Cette dernière donnerait $y = \dfrac{6}{x}$, valeur qui, substituée dans la première, donne

$$x^3 + \frac{216}{x^3} = 35;$$

chassant le dénominateur et transposant, on a

$$x^6 - 35x^3 = -216.$$

Je prends donc la moitié de 35 qui est $\frac{35}{2}$; j'en ajoute le carré à chaque membre, et j'ai

$$x^6 - 35x^3 + (\tfrac{35}{2})^2 = (\tfrac{35}{2})^2 - 216;$$

tirant la racine carrée

$$x^3 - \tfrac{35}{2} = \pm \sqrt{(\tfrac{35}{2})^2 - 216};$$

transposant $\qquad x^3 = \tfrac{35}{2} \pm \sqrt{(\tfrac{35}{2})^2 - 216},$

10

et enfin tirant la racine cubique,

$$x = \sqrt[3]{\tfrac{35}{2} \pm \sqrt{(\tfrac{35}{2})^2 - 216}};$$

or
$$(\tfrac{35}{2})^2 = \tfrac{1225}{4};$$

et
$$(\tfrac{35}{2})^2 - 216 = \tfrac{1225-864}{4} = \tfrac{361}{4};$$

donc
$$\sqrt{(\tfrac{35}{2})^2 - 216} = \sqrt{\tfrac{361}{4}} = \tfrac{19}{2};$$

donc
$$x = \sqrt[3]{\tfrac{35}{2} \pm \tfrac{19}{2}},$$

qui donne ces deux valeurs

$$x = \sqrt[3]{\tfrac{35+19}{2}} = \sqrt[3]{\tfrac{54}{2}} = \sqrt[3]{27} = 3,$$

et
$$x = \sqrt[3]{\tfrac{35-19}{2}} = \sqrt[3]{\tfrac{16}{2}} = \sqrt[3]{8} = 2;$$

et puisqu'on a trouvé $y = \dfrac{6}{x}$, on aura $y = 2$ et $y = 3$.

Lorsque le plus haut exposant est 4 ou un multiple de 4, il peut y avoir jusqu'à quatre racines réelles.

DE LA COMPOSITION DES ÉQUATIONS.

174. Nous venons de voir que les équations à deux termes ne donnaient, pour l'inconnue, qu'une seule valeur réelle lorsqu'elles sont de degré impair, et deux lorsqu'elles sont de degré pair : elles en donnent, outre cela, plusieurs autres qui sont imaginaires, mais qui ne sont pas moins utiles, ainsi que nous le verrons lors de la résolution des équations et ailleurs.

En général *une équation quelconque donne toujours autant de valeurs pour l'inconnue qu'il y a d'unités dans le plus haut exposant de cette équation.* De ces valeurs, qu'on nomme aussi *racines* de l'équation, les unes peuvent être positives, les autres négatives; les unes réelles, les autres imaginaires.

175. Pour rendre toutes ces vérités sensibles, il faut observer que lorsque dans une équation on a fait passer tous les termes dans un seul membre, et que l'on a ordonné toutes les puissances de x ou de l'inconnue, on peut toujours considérer ce membre comme le résultat de la multiplication de plusieurs facteurs binomes simples qui auraient tous pour terme commun x.

Par exemple, lorsque l'équation

$$x^3 + 7x = 8x^2 + 9$$

a été mise sous la forme suivante, par la transposition de ses termes

$$x^3 - 8x^2 + 7x - 9 = 0,$$

on conçoit que $x^3 - 8x^2 + 7x - 9$ peut très-bien résulter de la multiplication de trois facteurs binomes simples $x - a$, $x - b$, $x - c$.

En effet, si l'on multiplie ces trois facteurs, on aura

$$x^3 - ax^2 + abx - abc = 0.$$
$$- bx^2 + acx$$
$$- cx^2 + bcx$$

Or pour que ces deux équations soient les mêmes, il ne s'agit que de trouver pour a, b, c, des valeurs telles que

$$a + b + c = 8,$$
$$ab + ac + bc = 7,$$

et
$$abc = 9.$$

Pour trouver chacune de ces quantités, a par exemple, il faut, après avoir multiplié la première équation par a^2 et la seconde par a, ce qui donnera

$$a^3 + a^2 b + a^2 c = 8a^2, \quad a^2 b + a^2 c + abc = 7a \quad \text{et} \quad abc = 9,$$

il faut, dis-je, retrancher la seconde de la première, et y ajouter la troisième; ce qui donne

$$a^3 = 8a^2 - 7a + 9,$$

ou en transposant $\quad a^3 - 8a^2 + 7a - 9 = 0.$

On trouvera de la même manière que l'équation qui donnerait b est

$$b^3 - 8b^2 + 7b - 9 = 0,$$

et que celle qui donnerait c est

$$c^3 - 8c^2 + 7c - 9 = 0.$$

Ce qui nous fournit les propositions suivantes.

176. 1° Puisque l'équation qui doit donner a est la même que celle qui doit donner b et la même que celle qui doit donner c, et que d'ailleurs il est facile de voir que les valeurs de a, b, c ne peuvent être égales, il faut donc que l'une quelconque de ces trois équations puisse donner les valeurs de a, de b et de c : donc chacune de ces équations doit avoir trois racines, dont l'une sera la valeur de a; la seconde, la valeur de b; et la troisième, la valeur de c.

2° Chacune de ces équations est la même que l'équation même proposée $x^3 - 8x^2 + 7x - 9 = 0$, à la seule différence près, que a ou b ou c est changé en x. Donc celle-ci doit avoir trois racines, et ces trois racines doivent être les trois valeurs de a, b, c.

Donc les quantités qu'il faut mettre pour a, b, c dans $x - a$, $x - b$, $x - c$, pour produire l'équation $x^3 - 8x^2 + 7x - 9 = 0$, par la multiplication de ces facteurs simples, sont les racines mêmes de cette équation.

177. Si les coefficients des différentes puissances de x, au lieu d'être 8, 7, etc., étaient d'autres nombres, et si l'équation, au lieu d'être du troisième degré, était du quatrième, du cinquième, etc., les conséquences que nous venons de tirer seraient encore de même nature. Ainsi, si l'on avait en général

$$x^4 - px^3 + qx^2 - rx + s = 0,$$

p, q, r, s étant des nombres connus, on pourrait de même considérer cette équation comme formée du produit de quatre facteurs simples $x - a$, $x - b$, $x - c$, $x - d$. En effet, ces quatre facteurs étant multipliés donneraient

$$
\begin{aligned}
x^4 &- ax^3 + abx^2 - abcx + abcd = 0;\\
&- bx^3 + acx^2 - abdx\\
&- cx^3 + adx^2 - acdx\\
&- dx^3 + bcx^2 - bcdx\\
& + bdx^2\\
& + cdx^2
\end{aligned}
$$

Or pour que cette quantité soit la même que

$$x^4 - px^3 + qx^2 - rx + s = 0,$$

il faut que a, b, c, d soient tels que l'on ait

$$a + b + c + d = p,$$
$$ab + ac + ad + bc + bd + cd = q,$$
$$abc + abd + acd + bcd = r,$$
$$abcd = s.$$

Si l'on multiplie la première de ces équations par a^3, la seconde par a^2, la troisième par a, et qu'on retranche la seconde et la quatrième, de la première et de la troisième réunies, on aura

$$a^4 = pa^3 - qa^2 + ra - s,$$

ou $$a^4 - pa^3 + qa^2 - ra + s = 0;$$

on trouverait de même que l'équation en b est

$$b^4 - pb^3 + qb^2 - rb + s = 0;$$

que l'équation en c est

$$c^4 - pc^3 + qc^2 - rc + s = 0;$$

et que l'équation en d est

$$d^4 - pd^3 + qd^2 - rd + s = 0.$$

Ainsi l'équation qui donnera a, doit donc aussi donner b, c et d; elle doit donc avoir quatre racines qui seront les valeurs des quatre quantités a, b, c, d. Et comme chacune de ces équations est la même que l'équation

$$x^4 - px^3 + qx^2 - rx + s = 0,$$

les quantités a, b, c, d qu'il faut prendre pour produire cette dernière par la multiplication de quatre facteurs simples

$$x - a, \quad x - b, \quad x - c, \quad x - d,$$

sont donc les racines mêmes de cette équation.

178. Donc en général, 1° *une équation de degré quelconque peut toujours être considérée comme formée du produit d'autant de facteurs binomes simples qui ont tous pour terme commun la lettre qui représente l'inconnue, qu'il y a d'unités dans le plus haut exposant de l'inconnue; 2° les seconds termes de ces binomes sont les racines de cette équation, chacune étant prise avec un signe contraire.*

179. Si l'équation, au lieu d'avoir ses termes alternativement positifs et négatifs, comme nous l'avons supposé ci-dessus, dans l'équation

$$x^4 - px^3 + qx^2 - rx + s = 0,$$

avait toute autre succession de signes, par exemple si elle était

$$x^4 + px^3 - qx^2 - rx + s = 0,$$

on n'en démontrerait pas moins, et de la même manière, qu'elle peut toujours être représentée par

$$(x - a) \times (x - b) \times (x - c) \times (x - d),$$

a, b, c, d étant les racines de cette dernière équation.

180. Puisque a, b, c, d, etc., sont les racines de l'équation, il suit des équations

$$a + b + c + d = p,$$
$$ab + ac + ad + bc + bd + cd = q,$$
$$abc + abd + acd + bcd = r,$$
$$abcd = s,$$

1° que dans l'équation $x^4 - px^3 + qx^2 - rx + s = 0$, et en général dans toute équation, *le coefficient* —p *du second terme, pris avec un signe contraire, c'est-à-dire,* +p, *est égal à la somme de toutes les racines.*

2° Que *le coefficient* q *du troisième terme est égal à la somme des produits de ces racines multipliées deux à deux.*

3° Que *celui du quatrième, pris avec un signe contraire, est égal à la somme des racines multipliées trois à trois,* et ainsi de suite; et qu'*enfin le dernier terme est le produit de toutes les racines.*

Cela est général, quels que soient les différents signes des termes de l'équation, prenant toujours avec un signe contraire le coefficient de chaque terme de numéro pair.

181. D'où il suit que, *dans une équation qui n'a pas de second terme, il y a sûrement des racines positives et des racines négatives, et la somme des unes est égale à la somme des autres.*

Ainsi dans l'équation

$$x^3 + 2x^2 - 23x - 60 = 0,$$

la somme des trois racines est —2; la somme de leurs produits, multipliés deux à deux, est —23; la somme de leurs produits, trois à trois, ou le produit des trois racines est +60. En effet les trois racines sont +5, —4, —3, ainsi qu'on peut le voir en mettant chacun de ces nombres, au lieu de x, dans l'équation; car chacun réduit le premier membre à zéro. Or il est évident que la somme de ces trois nombres, c'est-à-dire +5 —4 —3, est —2; que la somme de leurs produits deux à deux, ou —20 —15 +12, est —23; et que le produit des trois est $5 \times (-4) \times (-3)$, c'est-à-dire +60.

Pareillement, dans l'équation

$$x^3 + 19x + 30 = 0;$$

comme le second terme manque, je conclus qu'il y a des racines positives et des racines négatives, et que la somme des unes est égale à la somme des autres ; en effet les trois racines sont $+2$, $+3$ et -5.

En considérant une équation comme formée du produit de plusieurs facteurs binomes simples, on se rend aisément raison comment il peut se faire qu'il y ait plusieurs nombres différents qui satisfassent à une équation. Par exemple, si l'on proposait cette question : *Trouver un nombre tel que si on en retranche 5, et qu'à ce même nombre on ajoute successivement les nombres 4 et 3, les deux sommes multipliées entre elles et par le reste fassent zéro :* on aura, en nommant x ce nombre, $x-5$ pour le reste, et $x+4$, $x+3$ pour les deux sommes ; il faut donc que

$$(x+4) \times (x+3) \times (x-5) = 0,$$

c'est-à-dire que $\quad x^3 + 2x^2 - 23x - 60 = 0$;

or on voit évidemment que ce produit ou son égal

$$(x+4) \times (x+3) \times (x-5)$$

peut devenir zéro dans trois cas différents ; savoir, si $x = -4$, si $x = -3$, et si $x = 5$: en effet, dans le premier cas, il devient $0 \times (-4+3) \times (-4-5)$ ou 0 ; dans le second, il devient $(-3+4) \times (0) \times (-3-5)$ ou 0 ; et dans le troisième, $(5+4) \times (5+3) \times (0)$ ou 0. Or quand on propose une équation telle que $x^3 + 2x^2 - 23x - 60 = 0$, rien ne détermine à prendre -4 plutôt que -3, ou plutôt que $+5$, puisque chacun réduisant également le premier membre à zéro, satisfait également à l'équation.

182. Nous placerons encore ici une autre remarque qui peut avoir son utilité. Les équations

$$a+b+c+d = p,$$
$$ab + ac + ad + bc + bd + cd = q,$$
$$abc + abd + acd + bcd = r,$$
$$abcd = s,$$

nous ont toutes conduits à la même équation, soit pour avoir a, soit pour avoir b, etc. La raison en est que a, b, c, d étant toutes disposées de la même manière dans chaque équation, il n'y a pas de raison pour que l'une soit déterminée par aucune opération différente de celles qui détermineraient l'autre ;

donc en général, si dans la recherche de plusieurs quantités inconnues on est obligé d'employer pour chacune les mêmes raisonnements, les mêmes opérations et les mêmes quantités connues, toutes ces quantités seront nécessairement racines d'une même équation, et par conséquent cette question conduira à une équation composée.

183. Puisqu'on peut considérer une équation comme formée du produit de plusieurs facteurs simples, on peut aussi la considérer comme formée du produit de plusieurs facteurs composés; ainsi une équation du troisième degré peut être considérée comme formée du produit d'un facteur du second degré, tel que $x^2 + ax + b$, par un facteur du premier, tel que $x + c$: en effet, $x^2 + ax + b$, peut toujours représenter le produit des deux autres facteurs simples.

De même, une équation du cinquième degré peut être considérée comme formée, ou du produit de cinq facteurs simples, ou de deux facteurs du second degré et d'un facteur du premier, ou d'un facteur du troisième et d'un facteur du second, ou enfin d'un facteur du quatrième et d'un facteur du premier.

184. Nous avons vu qu'une équation du second degré pouvait avoir des racines imaginaires : puis donc qu'une équation de degré quelconque peut avoir été formée par le concours d'un ou de plusieurs facteurs du second degré, elle peut aussi avoir des racines imaginaires; mais il peut y en avoir de formes bien différentes de celles du second degré.

185. Quand on considère une équation comme formée du produit de plusieurs facteurs simples, on voit qu'elle ne peut avoir que m diviseurs du premier degré, m marquant le degré.

186. En considérant une équation comme formée du produit de facteurs du second degré, le nombre des diviseurs du second degré qu'elle peut avoir, est exprimé par $m\left(\dfrac{m-1}{2}\right)$, m marquant le degré de cette équation. En effet, chaque facteur du second degré étant le produit de deux facteurs simples, dont chacun peut diviser l'équation, doit aussi pouvoir diviser l'équation. Or nous avons vu (**148**) qu'il y a $m\left(\dfrac{m-1}{2}\right)$

manières différentes de multiplier, deux à deux, un nombre m de quantités; il y aura donc $m\left(\dfrac{m-1}{2}\right)$ différents diviseurs du second degré.

Par exemple, l'équation

$$
\begin{aligned}
x^4 &- ax^3 + abx^2 - abcx + abcd = 0 \\
&- bx^3 + acx^2 - abdx \\
&- cx^3 + adx^2 - acdx \\
&- dx^3 + bcx^2 - bcdx \\
& + bdx^2 \\
& + cdx^2
\end{aligned}
$$

formée du produit de $(x-a)\times(x-b)\times(x-c)\times(x-d)$, peut être considérée comme formée du produit de deux facteurs du second degré, en ces six manières, en multipliant

$$
\begin{array}{lll}
(x-a)\times(x-b) & \text{par} & (x-c)\times(x-d) \\
(x-a)\times(x-c) & & (x-b)\times(x-d) \\
(x-a)\times(x-d) & & (x-b)\times(x-c) \\
(x-b)\times(x-c) & & (x-a)\times(x-d) \\
(x-b)\times(x-d) & & (x-a)\times(x-c) \\
(x-c)\times(x-d) & & (x-a)\times(x-b)
\end{array}
$$

Ainsi une équation du quatrième degré peut avoir six différents diviseurs du second, et en général une équation du degré m peut avoir $m\left(\dfrac{m-1}{2}\right)$ différents diviseurs du second degré.

Concluons donc de là que, si l'on demande quelles devraient être les valeurs de g et de h, pour que x^2+gx+h fût diviseur d'une équation proposée du degré m, on peut être assuré que g et h ne peuvent être déterminés chacun que par une équation du degré $m\left(\dfrac{m-1}{2}\right)$. Car x^2+gx+h est aussi propre à représenter l'un des diviseurs du second degré que tout autre; donc h doit être susceptible de $m\left(\dfrac{m-1}{2}\right)$ valeurs; il en est de même de g qui est la somme de deux des racines de l'équation. Chacune de ces quantités doit donc être donnée par une équation du degré $m\left(\dfrac{m-1}{2}\right)$.

On prouvera de même qu'en considérant une équation comme

formée du produit de facteurs du troisième degré, chaque facteur du troisième degré est susceptible de $m\left(\dfrac{m-1}{2}\right)\left(\dfrac{m-2}{3}\right)$ valeurs différentes; en sorte que si $x^3 + gx^2 + hx + k$ représente l'un de ces facteurs, k ne pourra être déterminé que par une équation du degré $m\left(\dfrac{m-1}{2}\right)\left(\dfrac{m-2}{3}\right)$. On voit assez les conséquences analogues qu'il y a à tirer pour les facteurs du quatrième, cinquième, etc. degrés.

187. Concluons de tout ce qui précède, que lorsqu'on a trouvé une racine d'une équation, on peut, pour avoir les autres, diviser l'équation par x — cette racine, c'est-à-dire par $x - a$ en représentant cette racine par a; la division se fera exactement, et donnera pour quotient une quantité où x sera moins élevé d'un degré; cette quantité étant égalée à zéro sera l'équation qu'il faut résoudre pour avoir les autres racines. On voit de même que si l'on connaît deux racines, que je représente par a et b, il n'y a qu'à diviser l'équation par $(x-a)\times(x-b)$, et ainsi de suite.

DES TRANSFORMATIONS QU'ON PEUT FAIRE SUBIR AUX ÉQUATIONS.

188. On peut faire subir aux équations différentes transformations dont il est à propos que nous parlions avant de passer à la résolution de ces mêmes équations.

189. *Si l'on change dans une équation les signes des termes qui renferment des puissances impaires, les racines positives de cette équation seront changées en négatives, et les négatives en positives.* En effet, pour changer les signes des racines de l'équation il suffit de mettre $-x$ au lieu de $+x$; or cette substitution ne change point les signes des termes qui renferment des puissances paires de x, et change au contraire les signes de ceux qui renferment des puissances impaires.

190. *Pour changer une équation dans laquelle il y a des dénominateurs, en une autre dans laquelle il n'y en ait plus, et cela sans donner un coefficient au premier terme,* il faut substituer au lieu de l'inconnue une nouvelle inconnue divisée par le produit de tous les dénominateurs, et multiplier ensuite toute l'équation par le dénominateur qu'aura alors le premier terme.

Par exemple, si j'ai

$$x^3 + \frac{ax^2}{m} + \frac{cx}{n} + \frac{d}{p} = 0,$$

je ferai $x = \dfrac{y}{mnp}$; et substituant dans l'équation, j'aurai

$$\frac{y^3}{m^3 n^3 p^3} + \frac{ay^2}{m^3 n^2 p^2} + \frac{cy}{mn^2 p} + \frac{d}{p} = 0;$$

multipliant par $m^3 n^3 p^3$, j'ai

$$y^3 + \frac{am^3 n^3 p^3 y^3}{m^3 n^2 p^2} + \frac{m^3 n^3 p^3 c}{mn^2 p} y + \frac{m^3 n^3 p^3 d}{p} = 0;$$

et faisant les divisions indiquées,

$$y^3 + anpy^2 + m^2 np^2 cy + m^3 n^2 p^2 d = 0.$$

191. Si m, n et p étaient égaux, il suffirait de faire $x = \dfrac{y}{m}$.

D'où il suit que pour changer une équation dont tous les coefficients sont des nombres entiers, mais dont le premier terme a un coefficient, en une autre dans laquelle celui-ci n'en ait plus, et où les autres aient néanmoins des entiers pour coefficients, il faut faire $x = \dfrac{y}{m}$, m marquant ce coefficient du premier terme. En effet, si j'ai l'équation

$$mx^3 + ax^2 + bx + c = 0;$$

en divisant par m, j'aurai

$$x^3 + \frac{a}{m} x^2 + \frac{b}{m} x + \frac{c}{m} = 0,$$

où tous les dénominateurs sont égaux.

192. *Pour faire disparaître le second terme d'une équation,* il faut substituer, au lieu de l'inconnue, une nouvelle inconnue augmentée du coefficient du second terme de l'équation, pris avec un signe contraire, et divisé par l'exposant du premier.

En effet, représentons en général cette équation par

$$x^m + ax^{m-1} + bx^{m-2} + \dots k = 0.$$

Si on suppose $x = y + s$, on aura deux équations et trois inconnues; on sera donc maître de déterminer l'une d'entre elles par telle condition que l'on voudra.

Or si l'on substitue, dans chaque terme, au lieu de la puissance de x qu'il renferme, une puissance semblable de $y + s$, on aura (**149**) une suite de termes telle que celle-ci

$$y^m + msy^{m-1} + m\left(\frac{m-1}{2}\right)s^2 y^{m-2} \ldots + k = o.$$
$$+ \quad ay^{m-1} + \quad (m-1)asy^{m-2}\ldots$$
$$+ \qquad\qquad b\, y^{m-2}\ldots$$

Si donc nous regardons y comme l'inconnue, il est évident que cette équation sera sans second terme, si s est telle que l'on ait $ms + a = o$, c'est-à-dire, si l'on prend $s = -\dfrac{a}{m}$, qui est la valeur que cette équation donne pour s. Or nous venons de voir que nous pouvions prendre pour l'une des trois inconnues, et par conséquent pour s, telle valeur que nous jugerions à propos ; puis donc que $-\dfrac{a}{m}$ est la valeur qu'il faut lui donner pour que l'équation en y soit sans second terme, il s'ensuit que pour changer l'équation proposée $x^m + ax^{m-1} + \ldots$ en une autre qui n'ait point de second terme, il faut faire $x = y - \dfrac{a}{m}$, ce qui démontre la règle que nous venons de donner.

Par exemple, pour faire disparaître le second terme de l'équation

$$x^3 + 6x^2 - 3x + 4 = 0 ;$$

je fais $x = y - \frac{6}{3}$, c'est-à-dire $x = y - 2$. En substituant, j'aurai

$$y^3 - 6y^2 + 12y - 8 = 0$$
$$+ 6y^2 - 24y + 24$$
$$- 3y + 6$$
$$+ 4$$

qui se réduit à $y^3 - 15y + 26 = 0$, équation qui n'a point le second terme y^2.

DE LA RÉSOLUTION DES ÉQUATIONS COMPOSÉES.

193. Nous supposerons, dans tout ce que nous allons dire, qu'on ait fait passer dans un seul membre tous les termes de l'équation.

Nous avons déjà dit (**54**) ce qu'on doit entendre par ces mots *résoudre une équation*, mais il faut ici fixer plus particulièrement ce que l'on entend par *résolution générale d'une équation*.

Résoudre généralement une équation d'un degré quelconque, telle que

$$x^m + px^{m-1} + qx^{m-2} + \ldots k = 0,$$

c'est trouver pour l'inconnue autant de valeurs qu'il y a d'unités dans le plus haut exposant de cette inconnue, et dont chacune soit exprimée par les lettres p, q,... k combinées entre elles de quelque manière que ce soit ; telle cependant que chacune de ces valeurs substituées au lieu de x dans l'équation, réduise le premier membre à zéro, indépendamment de toute valeur particulière de p, q....

Par exemple, la règle que nous avons donnée (**100**) pour les équations du second degré, résout généralement ces équations. En effet $x^2 + px + q = 0$, peut représenter toute équation du second degré, parce que par p et q on peut entendre toutes sortes de nombres, positifs ou négatifs ; or cette équation résolue suivant cette même règle, donne ces deux valeurs de x,

$$x = -\tfrac{1}{2}p \pm \sqrt{\tfrac{1}{4}p^2 - q}.$$

Que l'on substitue maintenant l'une de ces deux valeurs, celleci, par exemple

$$-\tfrac{1}{2}p + \sqrt{\tfrac{1}{4}p^2 - q},$$

au lieu de x dans le premier membre de l'équation

$$x^2 + px + q = 0,$$

on aura $\quad (-\tfrac{1}{2}p + \sqrt{\tfrac{1}{4}p^2 - q})^2 + p\,(-\tfrac{1}{2}p + \sqrt{\tfrac{1}{4}p^2 - q}) + q,$

qui revient à

$$\tfrac{1}{4}p^2 - p\sqrt{\tfrac{1}{4}p^2 - q} + \tfrac{1}{4}p^2 - q - \tfrac{1}{2}p^2 + p\sqrt{\tfrac{1}{4}p^2 - q} + q,$$

qui, toute réduction faite, se réduit à zéro. Il en serait de même si l'on substituait à x,

$$-\tfrac{1}{2}p - \sqrt{\tfrac{1}{4}p^2 - q}.$$

Cette expression générale des différentes valeurs de x dans une équation est d'autant plus difficile à trouver, que le degré de l'équation est plus élevé, et il est aisé de sentir que cela doit être, si l'on fait les réflexions suivantes.

Quelle que puisse être la forme des valeurs de l'inconnue dans une équation de degré quelconque, il est certain que la résolution générale d'une équation d'un degré déterminé doit renfermer la résolution des équations générales de tous les degrés inférieurs.

En effet, la résolution générale d'une équation du cinquième degré par exemple, telle que

$$x^5 + px^4 + qx^3 + rx^2 + sx + t = 0,$$

doit donner pour x cinq valeurs, dont chacune doit nécessairement renfermer toutes les lettres p, q, r, s, t. Or lorsque t est zéro, cette équation se réduit à

$$x^5 + px^4 + qx^3 + rx^2 + sx = 0,$$

qui étant le produit de ces deux facteurs

$$x^4 + px^3 + qx^2 + rx + s \quad \text{et} \quad x,$$

donne $\quad x = 0 \quad$ et $\quad x^4 + px^3 + qx^2 + rx + s = 0.$

Donc des cinq valeurs de x que donnera la résolution générale, l'une doit alors se réduire à zéro, et les quatre autres doivent être les racines de l'équation $x^4 + px^3 + qx^2 + rx + s = 0$. Or celle-ci n'étant que du 4ᵉ degré, ses racines ne peuvent avoir que la forme de celles du 4ᵉ degré ; donc puisqu'elles sont en même temps comprises dans celle du 5ᵉ degré, il faut que la résolution de celle-ci comprenne la résolution du quatrième. On prouvera de même que la résolution du quatrième doit comprendre celle du troisième, et ainsi de suite. Donc la résolution d'une équation de degré quelconque doit comprendre la résolution de tous les degrés inférieurs.

De là on peut conclure que l'expression de l'une quelconque des racines doit renfermer toutes les espèces de radicaux depuis son degré jusqu'au premier *. En effet, il est facile de voir que dans quelque degré que ce soit, il doit y avoir des radicaux de ce degré, puisque dans le cas particulier où tous les termes,

---

* Lorsque l'exposant de l'équation est un nombre composé du produit de deux ou plusieurs autres, il peut arriver, selon la méthode qu'on emploiera pour résoudre, que l'expression générale des racines ne renferme pas explicitement les radicaux de ce degré ; mais ils n'y sont pas moins implicitement. Par exemple, dans le quatrième degré, au lieu des $\sqrt[4]{}$, on trouve, par certaines méthodes, des quantités telles que $\sqrt{a + \sqrt{b}}$, mais on voit que celles-ci comprennent les premières.

excepté le premier et le dernier, manqueraient, l'expression des valeurs de x renfermerait un pareil radical; car l'équation étant alors $x^m + k = 0$, on aurait $x = \sqrt[m]{-k}$; donc puisque la forme générale des racines doit comprendre la forme de celles de tous les degrés inférieurs, elle doit renfermer tous les radicaux depuis son degré jusqu'au premier.

194. Après ces réflexions sur la forme des racines, voyons la méthode qu'on peut employer pour les trouver.

Celle que nous allons exposer consiste à considérer l'équation qu'il s'agit de résoudre comme le résultat de deux équations à deux inconnues. Nous avons vu ci-dessus (**167**) comment on parvenait à réduire ces deux-ci à une seule qui ne renferme plus qu'une inconnue. Il s'agit donc de les choisir telles que l'élimination produise une équation que l'on puisse supposer la même que l'équation proposée. Nous allons voir quelles elles doivent être pour cet effet.

Quoique cette méthode n'exige pas qu'on fasse disparaître le second terme de l'équation proposée, cependant les calculs étant plus simples lorsqu'il n'y a pas de second terme, nous supposerons qu'on a fait évanouir celui-ci par la méthode donnée (**192**).

Ainsi nous supposerons que

$$x^m + px^{m-2} + qx^{m-3} + rx^{m-4} + \ldots + k = 0,$$

est en général l'équation qu'il s'agit de résoudre.

On prendra les deux équations

$$y^m - 1 = 0$$

et $\qquad ay^{m-1} + by^{m-2} + cy^{m-3} + dy^{m-4} \ldots + x = 0,$

a, b, c, etc. étant des quantités inconnues que l'on déterminera comme il va être dit.

Par le moyen de ces deux dernières on éliminera y, ce qui conduira à une équation en x qui sera du degré m et n'aura point de second terme.

Les coefficients * des différentes puissances de x seront composés de a, b, c et leurs puissances.

---

* Le mot *coefficient* est pris ici dans un sens plus étendu que par le passé. Il signifie en général la totalité des quantités soit numériques, soit littérales, qui multiplient l'une quelconque des puissances de x. Ainsi dans px^{m-2}, p est le coefficient de x^{m-2}.

On égalera chaque coefficient au coefficient de pareille puissance de x dans l'équation proposée $x^m + px^{m-2} +$ etc., ce qui donnera autant d'équations pour déterminer a, b, c, etc. qu'il y a de ces quantités. Lorsque a, b, c, etc. auront été déterminés, on aura toutes les racines ou valeurs de x en substituant dans l'équation

$$ay^{m-1} + by^{m-2} + cy^{m-3} + dy^{m-4} \dots + x = 0,$$

ces valeurs de a, b, c, etc., et mettant successivement pour y chacune des racines de l'équation $y^m - 1 = 0$, qui sont faciles à déterminer, comme nous le verrons par la suite.

APPLICATION AU TROISIÈME DEGRÉ.

195. Soit donc

$$x^3 + px + q = 0,$$

l'équation qu'il s'agit de résoudre. Je prends

$$y^3 - 1 = 0 \quad \text{et} \quad ay^2 + by + x = 0.$$

Pour chasser y, je multiplie cette dernière par y, et mettant pour y^3 sa valeur 1 tirée de l'équation $y^3 - 1 = 0$, j'ai

$$by^2 + xy + a = 0.$$

Je multiplie de même celle-ci par y, et mettant encore pour y^3 sa valeur 1, j'ai

$$xy^2 + ay + b = 0.$$

Ainsi j'ai les trois équations

$$ay^2 + by + x = 0,$$
$$by^2 + xy + a = 0,$$
$$xy^2 + ay + b = 0.$$

Par le moyen des deux premières, je prends la valeur de y^2 et celle de y, selon la méthode des équations du premier degré à deux inconnues; j'ai

$$y^2 = \frac{xx - ab}{bb - ax} \quad \text{et} \quad y = \frac{aa - bx}{bb - ax}.$$

Je substitue ces valeurs dans la troisième équation

$$xy^2 + ay + b = 0;$$

j'ai $\qquad \dfrac{x^3 - abx + a^3 - abx}{bb - ax} + b = 0,$

ou, chassant le dénominateur et réduisant,

$$x^3 - 3abx + (a^3 + b^3) = 0.$$

Comparant cette équation avec

$$x^3 + px + q = 0,$$

il faut *, pour qu'elles soient les mêmes, que

$$-3ab = p \quad \text{et} \quad a^3 + b^3 = q :$$

ce sont là les deux équations qui donneront a et b.

La première donne $\qquad b = -\dfrac{p}{3a};$

substituant dans la seconde, on a

$$a^3 - \frac{p^3}{27\,a^3} = q,$$

ou en multipliant par a^3 et transposant,

$$a^6 - qa^3 = \frac{p^3}{27},$$

équation qu'on peut (**173**) résoudre comme une équation du second degré, et qui par conséquent deviendra

$$a^6 - qa^3 + \tfrac{1}{4}q^2 = \tfrac{1}{4}q^2 + \tfrac{1}{27}p^3,$$

puis $\qquad a^3 - \tfrac{1}{2}q = \pm\sqrt{\tfrac{1}{4}q^2 + \tfrac{1}{27}p^3}\,;$

transposant $\qquad a^3 = \tfrac{1}{2}q \pm \sqrt{\tfrac{1}{4}q^2 + \tfrac{1}{27}p^3},$

et enfin $\qquad a = \sqrt[3]{\tfrac{1}{2}q + \sqrt{\tfrac{1}{4}q^2 + \tfrac{1}{27}p^3}}$ **.

---

* On pourrait peut-être demander s'il est nécessaire, pour que les deux équations deviennent les mêmes, de les égaler terme à terme, et s'il ne suffirait pas d'écrire

$$x^3 + px + q = x^3 - 3abx + a^3 + b^3?$$

Voici la réponse :

Il est indispensable d'égaler terme à terme ; parce que, pour que les deux équations soient les mêmes, il faut que les trois racines soient les mêmes dans chacune : or cette condition exige que la somme des racines soit la même ; ce qui a lieu : 1° que la somme $-3ab$ des produits de ces racines deux à deux, dans l'une, soit la même que la somme p des mêmes produits dans l'autre ; 2° que le produit $a^3 + b^3$ des trois racines de l'une soit le même que le produit q des trois racines de l'autre.

** Je ne donne ici qu'un seul signe au second radical, parce que je n'ai besoin que d'une valeur de a ; il importe peu laquelle : chacune satisfait également, comme nous le verrons ci-après.

Pour avoir b, je mets dans l'équation $a^3 + b^3 = q$, la valeur de a^3 que nous venons de trouver, et j'ai

$$\tfrac{1}{2}q + \sqrt{\tfrac{1}{4}q^2 + \tfrac{1}{27}p^3} + b^3 = q,$$

et par conséquent $\quad b^3 = \tfrac{1}{2}q - \sqrt{\tfrac{1}{4}q^2 + \tfrac{1}{27}p^3}\,;$

donc $\qquad\qquad\qquad b = \sqrt[3]{\tfrac{1}{2}q - \sqrt{\tfrac{1}{4}q^2 + \tfrac{1}{27}p^3}}.$

Or l'équation $ay^2 + by + x = 0$, donne $x = -ay^2 - by$; on a donc

$$x = -y^2\sqrt[3]{\tfrac{1}{2}q + \sqrt{\tfrac{1}{4}q^2 + \tfrac{1}{27}p^3}} - y\sqrt[3]{\tfrac{1}{2}q - \sqrt{\tfrac{1}{4}q^2 + \tfrac{1}{27}p^3}},$$

qui renferme les trois racines.

Il ne s'agit donc plus que de connaître les valeurs de y. Or, l'équation $y^3 - 1 = 0$ donne $y^3 = 1$, et par conséquent, en tirant la racine cubique, $y = 1$. Pour avoir les deux autres racines, je divise (187) $y^3 - 1$ par $y - 1$, et j'ai $y^2 + y + 1$, qui, étant égalé à zéro, donne l'équation qui renferme les deux autres racines. Cette équation $y^2 + y + 1 = 0$ étant résolue (100) donne

$$y = \frac{-1 \pm \sqrt{-3}}{2};$$

les trois valeurs de y sont donc

$$y = 1, \quad y = \frac{-1 + \sqrt{-3}}{2}, \quad y = \frac{-1 - \sqrt{-3}}{2}.$$

Substituant successivement ces valeurs dans

$$x = -y^2\sqrt[3]{\tfrac{1}{2}q + \sqrt{\tfrac{1}{4}q^2 + \tfrac{1}{27}p^3}} - y\sqrt[3]{\tfrac{1}{2}q - \sqrt{\tfrac{1}{4}q^2 + \tfrac{1}{27}p^3}};$$

et faisant attention que

$$\left(\frac{-1 + \sqrt{-3}}{2}\right)^2 \quad \text{et} \quad \left(\frac{-1 - \sqrt{-3}}{2}\right)^2$$

se réduisent à $\quad \dfrac{-1 - \sqrt{-3}}{2} \quad$ et $\quad \dfrac{-1 + \sqrt{-3}}{2},$

on a ces trois valeurs de x

$$x = -\sqrt[3]{\tfrac{1}{2}q + \sqrt{\tfrac{1}{4}q^2 + \tfrac{1}{27}p^3}} - \sqrt[3]{\tfrac{1}{2}q - \sqrt{\tfrac{1}{4}q^2 + \tfrac{1}{27}p^3}}.$$

$$x = \frac{1 + \sqrt{-3}}{2}\sqrt[3]{\tfrac{1}{2}q + \sqrt{\tfrac{1}{4}q^2 + \tfrac{1}{27}p^3}} + \frac{1 - \sqrt{-3}}{2}\sqrt[3]{\tfrac{1}{2}q - \sqrt{\tfrac{1}{4}q^2 + \tfrac{1}{27}p^3}}.$$

$$x = \frac{1 - \sqrt{-3}}{2}\sqrt[3]{\tfrac{1}{2}q + \sqrt{\tfrac{1}{4}q^2 + \tfrac{1}{27}p^3}} + \frac{1 + \sqrt{-3}}{2}\sqrt[3]{\tfrac{1}{2}q - \sqrt{\tfrac{1}{4}q^2 + \tfrac{1}{27}p^3}}.$$

Si l'on suppose dans l'équation $x^3+px+q=0$, que $q=0$, l'équation se réduit alors à $x^3+px=0$, ou $(x^2+p)\times x=0$; donc l'une des racines est $x=0$, et les deux autres se trouvent en résolvant l'équation $x^2+p=0$, qui donne $x=+\sqrt{-p}$, et $x=-\sqrt{-p}$; c'est aussi ce que donne la formule générale des racines; car la première devient alors

$$x=-\sqrt[3]{\sqrt{\tfrac{1}{27}p^3}}-\sqrt[3]{-\sqrt{\tfrac{1}{27}p^3}},$$

c'est-à-dire $\qquad \dot{x}=-\sqrt[3]{\sqrt{\tfrac{1}{27}p^3}}+\sqrt[3]{\sqrt{\tfrac{1}{27}p^3}}=0$;

la deuxième devient

$$x=\frac{1+\sqrt{-3}}{2}\sqrt[3]{\sqrt{\tfrac{1}{27}p^3}}+\frac{1-\sqrt{-3}}{2}\sqrt[3]{-\sqrt{\tfrac{1}{27}p^3}}$$

$$=\frac{1+\sqrt{-3}}{2}\sqrt[3]{\sqrt{\tfrac{1}{27}p^3}}+\frac{-1+\sqrt{-3}}{2}\sqrt[3]{\sqrt{\tfrac{1}{27}p^3}}$$

$$=\sqrt{-3}\sqrt[6]{\tfrac{1}{27}p^3}=\sqrt{-3}\sqrt{\tfrac{1}{3}p}=\sqrt{-p}.$$

On verra de même que la troisième est $-\sqrt{-p}$.

196. Comme l'équation $a^6-qa^3=\tfrac{1}{27}p^3$, d'où nous avons déduit la valeur a, a six racines, on pourrait peut-être demander si chacune peut être également employée, et si, dans le cas où elles seraient toutes également admissibles, il n'en résulterait pas 18 valeurs différentes pour x, puisque chacune en donnerait trois.

Chacune des six valeurs de a est également bonne; mais l'une quelconque donne pour x les mêmes valeurs que toute autre. En voici la preuve : faisons, pour simplifier le calcul,

$$\sqrt[3]{\tfrac{1}{2}q+\sqrt{\tfrac{1}{4}q^2+\tfrac{1}{27}p^3}}=m \quad \text{et} \quad \sqrt[3]{\tfrac{1}{2}q-\sqrt{\tfrac{1}{4}q^2+\tfrac{1}{27}p^3}}=n;$$

alors l'équation $\qquad a^3=\tfrac{1}{2}q\pm\sqrt{\tfrac{1}{4}q^2+\tfrac{1}{27}p^3}$

trouvée ci-dessus, se changera en ces deux autres $a^3=m^3$ et $a^3=n^3$, la première donne $a=m$, et en divisant a^3-m^3 par $a-m$, on aura a^2+ma+m^2, qui, étant égalé à zéro, donnera les deux autres valeurs de a, que l'on trouvera être

$$a=\frac{-m\pm m\sqrt{-3}}{2}, \quad \text{ou} \quad a=m\left(\frac{-1\pm\sqrt{-3}}{2}\right);$$

ainsi les trois valeurs de a sont

$$m, \quad m.\frac{-1+\sqrt{-3}}{2} \quad \text{et} \quad m.\frac{-1-\sqrt{-3}}{2}.$$

On trouvera de même que l'équation $a^3 = n^3$ donne ces trois autres

$$a = n, \quad a = n.\frac{-1+\sqrt{-3}}{2}, \quad a = n.\frac{-1-\sqrt{-3}}{2}.$$

Or puisqu'on a $a^3 + b^3 = q$, on aura $m^3 + b^3 = q$ et $n^3 + b^3 = q$, et en mettant pour m^3 et n^3 leurs valeurs

$$b^3 = \tfrac{1}{2}q - \sqrt{\tfrac{1}{4}q^2 + \tfrac{1}{27}p^3}$$

et

$$b^3 = \tfrac{1}{2}q + \sqrt{\tfrac{1}{4}q^2 + \tfrac{1}{27}p^3}$$

c'est-à-dire

$$b^3 = n^3 \quad \text{et} \quad b^3 = m^3;$$

donc les valeurs de b sont telles que $ab = mn$, en sorte que les valeurs de a et b, qui doivent aller l'une avec l'autre, sont telles qu'il suit :

$$a = m, \qquad\qquad b = n,$$
$$a = m\left(\frac{-1 \pm \sqrt{-3}}{2}\right), \quad b = n\left(\frac{-1 \mp \sqrt{-3}}{2}\right),$$
$$a = n, \qquad\qquad b = m,$$
$$a = n\left(\frac{-1 \pm \sqrt{-3}}{2}\right), \quad b = m\left(\frac{-1 \mp \sqrt{-3}}{2}\right).$$

Substituez maintenant l'une quelconque de ces six combinaisons dans $x = -ay^2 - by$, en mettant successivement pour y ses trois valeurs, et vous aurez toujours ces trois racines

$$x = -m - n,$$
$$x = \frac{1+\sqrt{-3}}{2}.m + \frac{1-\sqrt{-3}}{2}.n,$$
$$x = \frac{1-\sqrt{-3}}{2}.m + \frac{1+\sqrt{-3}}{2}.n.$$

197. En considérant les trois valeurs de x que nous avons trouvées ci-dessus, on voit que tant que p sera positif, la quantité $\tfrac{1}{4}q^2 + \tfrac{1}{27}p^3$ sera toujours positive, parce que $\tfrac{1}{4}q^2$ qui est le carré de $\tfrac{1}{2}q$ sera toujours positif, quand même q serait négatif.

Cette même quantité sera encore positive, tant que $\frac{1}{4}q^2$ sera plus grand que $\frac{1}{27}p^3$, p étant négatif. Dans ces deux cas, les deux dernières valeurs de x sont imaginaires. Car les deux radicaux cubes étant alors des quantités réelles et inégales, leur produit par les quantités $\sqrt{-3}$ et $-\sqrt{-3}$ de signes contraires ne se détruiront pas mutuellement ; ainsi il restera de l'imaginaire dans chacune de ces deux valeurs de x. Il n'y a donc alors que la première valeur de x qui soit réelle.

198. Mais si p étant négatif, $\frac{1}{27}p^3$ se trouvait plus grand que $\frac{1}{4}q^2$, alors $\frac{1}{4}q^2-\frac{1}{27}p^3$ serait une quantité négative, et la quantité $\sqrt{\frac{1}{4}q^2-\frac{1}{27}p^3}$ serait imaginaire : néanmoins les trois valeurs de x sont alors réelles.

Pour s'en convaincre, il faut d'abord observer que $\sqrt{\frac{1}{4}q^2-\frac{1}{27}p^3}$ qu'on a alors au lieu de $\sqrt{\frac{1}{4}q^2+\frac{1}{27}p^3}$, est la même chose que

$$\sqrt{\left(\tfrac{1}{27}p^3-\tfrac{1}{4}q^2\right)\times(-1)},$$

ou que

$$\sqrt{\tfrac{1}{27}p^3-\tfrac{1}{4}q^2}\times\sqrt{-1} ;$$

ainsi, pour abréger, je suppose

$$\tfrac{1}{2}q = m \quad \text{et} \quad \sqrt{\tfrac{1}{27}p^3-\tfrac{1}{4}q^2}= n,$$

la quantité

$$\sqrt[3]{\tfrac{1}{2}q+\sqrt{\tfrac{1}{4}q^2-\tfrac{1}{27}p^3}} \quad \text{deviendra} \quad \sqrt[3]{m+n\sqrt{-1}},$$

et la quantité

$$\sqrt[3]{\tfrac{1}{2}q-\sqrt{\tfrac{1}{4}q^2-\tfrac{1}{27}p^3}} \quad \text{deviendra} \quad \sqrt[3]{m-n\sqrt{-1}} ;$$

or ces quantités étant la même chose (**133**) que

$$\left(m+n\sqrt{-1}\right)^{\frac{1}{3}} \quad \text{et} \quad \left(m-n\sqrt{-1}\right)^{\frac{1}{3}},$$

si on les réduit en série, par la méthode donnée (**151**), on aura pour la première

$$m^{\frac{1}{3}}\left(1+\frac{1}{3}\frac{n}{m}\sqrt{-1}+\frac{1}{9}\frac{n^2}{m^2}-\frac{5}{81}\frac{n^3}{m^3}\sqrt{-1}+\frac{10}{243}\frac{n^4}{m^4}+\frac{110}{3645}\frac{n^5}{m^5}\sqrt{-1}....\right)$$

et pour la seconde

$$m^{\frac{1}{3}}\left(1-\frac{1}{3}\frac{n}{m}\sqrt{-1}+\frac{1}{9}\frac{n^2}{m^2}+\frac{5}{81}\frac{n^3}{m^3}\sqrt{-1}-\frac{10}{243}\frac{n^4}{m^4}-\frac{110}{3645}\frac{n^5}{m^5}\sqrt{-1}...\right),$$

or, les trois valeurs de x se changent alors en

$$x = -\sqrt[3]{m+n\sqrt{-1}} - \sqrt[3]{m-n\sqrt{-1}},$$

$$x = \frac{1+\sqrt{-3}}{2}\sqrt[3]{m+n\sqrt{-1}} + \frac{1-\sqrt{-3}}{2}\sqrt[3]{m-n\sqrt{-1}},$$

$$x = \frac{1-\sqrt{-3}}{2}\sqrt[3]{m+n\sqrt{-1}} + \frac{1+\sqrt{-3}}{2}\sqrt[3]{m-n\sqrt{-1}}.$$

Substituant, au lieu des deux radicaux cubes, les séries qui en sont les valeurs, on aura, après avoir fait les multiplications par $\frac{1+\sqrt{-3}}{2}$ et $\frac{-\sqrt{-3}}{2}$, qui se rencontrent dans les deux dernières valeurs de x, et après les réductions ordinaires, ayant d'ailleurs égard à ce que $\sqrt{-3} \times \sqrt{-1}$ donne $-\sqrt{3}$[*], et que tout est multiplié par $m^{\frac{1}{3}}$; on aura, dis-je

$$x = -m^{\frac{1}{3}}\left(2 + \frac{2}{9}\frac{n^2}{m^2} - \frac{20}{243}\frac{n^4}{m^4}\cdots\right),$$

$$x = m^{\frac{1}{3}}\left(1 + \frac{1}{9}\frac{n^2}{m^2} - \frac{10}{243}\frac{n^4}{m^4}\cdots\right) - m^{\frac{1}{3}}\sqrt{3}\left(\frac{1}{3}\frac{n}{m} - \frac{5}{81}\frac{n^3}{m^3} + \frac{110}{3645}\frac{n^5}{m^5}\cdots\right),$$

$$x = m^{\frac{1}{3}}\left(1 + \frac{1}{9}\frac{n^2}{m^2} - \frac{10}{243}\frac{n^4}{m^4}\cdots\right) + m^{\frac{1}{3}}\sqrt{3}\left(\frac{1}{3}\frac{n}{m} - \frac{5}{81}\frac{n^3}{m^3} + \frac{110}{3645}\frac{n^5}{m^5}\cdots\right),$$

quantités dans lesquelles il n'y a plus d'imaginaires. On n'a pu trouver jusqu'à présent que cette manière de donner dans ce cas une valeur algébrique réelle aux trois racines; ainsi on ne peut les avoir alors sous une forme réelle que par approximation. Ce cas singulier a fort exercé les algébristes, et on lui a donné le nom de *cas irréductible*.

Donnons maintenant quelques exemples.

Supposons qu'on demande les racines de l'équation

$$y^3 + 6y^2 - 3y + 4 = 0;$$

je commence par faire disparaître (**192**) son second terme, en faisant $y = x - 2$; cela réduit l'équation à

$$x^3 - 15x + 26 = 0;$$

---

[*] Voy. la note de la page 105.

or nous avons représenté toute équation du troisième degré, sans second terme, par

$$x^3 + px + q = 0 ;$$

nous avons donc $p = -15$, $q = 26$, donc $\frac{1}{2}q = 13$, $\frac{1}{4}q^2 = 169$, $\frac{1}{3}p = -5$ et $\frac{1}{27}p^3 = -125$; donc

$$\sqrt{\tfrac{1}{4}q^2 + \tfrac{1}{27}p^3} = \sqrt{169 - 125} = \sqrt{44} ;$$

les trois valeurs de x seront donc

$$x = -\sqrt[3]{13 + \sqrt{44}} - \sqrt[3]{13 - \sqrt{44}},$$

$$x = \frac{1 + \sqrt{-3}}{2}\sqrt[3]{13 + \sqrt{44}} + \frac{1 - \sqrt{-3}}{2}\sqrt[3]{13 - \sqrt{44}},$$

$$x = \frac{1 - \sqrt{-3}}{2}\sqrt[3]{13 + \sqrt{44}} + \frac{1 + \sqrt{-3}}{2}\sqrt[3]{13 - \sqrt{44}} ;$$

c'est-à-dire que la première est négative et les deux autres imaginaires.

Prenons pour second exemple l'équation

$$x^3 - 9x - 10 = 0.$$

Dans ce cas, on a $p = -9$, $q = -10$; par conséquent $\frac{1}{3}p = -3$, $\frac{1}{27}p^3 = -27$, $\frac{1}{2}q = -5$ et $\frac{1}{4}q^2 = 25$; donc

$$\tfrac{1}{4}q^2 + \tfrac{1}{27}p^3 = 25 - 27 = -2 ;$$

cette équation est donc dans le cas irréductible. Ainsi, si l'on veut avoir les valeurs de x, il faut faire usage des séries ci-dessus. Pour cet effet, on remarquera qu'on a supposé

$$m = \tfrac{1}{2}q \quad \text{et} \quad n = \sqrt{\tfrac{1}{27}p^3 - \tfrac{1}{4}q^2} ;$$

donc $m = -5$ et $n = \sqrt{2}$. Pour faire les substitutions, on commencera par évaluer $\sqrt{2}$ qu'on trouvera être 1,4142 ; donc

$$\frac{n}{m} = \frac{1,4142}{-5} = -0,2828 ;$$

on évaluera aussi $m^{\frac{1}{3}}$, qui n'est autre que $\sqrt[3]{m}$ ou $\sqrt[3]{-5}$ ou $-\sqrt[3]{5}$, et l'on aura $m^{\frac{1}{3}} = -1,7099$; alors il n'y a plus qu'à substituer : nous nous bornerons à substituer dans la première, qui deviendra

$$x = +1,7099\left[2 + \tfrac{2}{9}(0,2828)^2 - \frac{20}{243}(0,2828)^4 \dots\right] ;$$

quantité dans laquelle il ne s'agit plus que de faire les multiplications indiquées. Mais il est bon d'observer, en finissant, que ces séries ne sont d'un usage utile qu'autant que m est plus grand que n; s'il était plus petit, on en formerait d'analogues pour ce cas, en observant ce qui a été dit (**159**). Au reste, lorsque m et n diffèrent peu, on est dans la nécessité de calculer un grand nombre de termes. Nous verrons par la suite comment on peut approcher autrement des valeurs de x.

199. Concluons de ce qui précède que toute équation de cette forme

$$y^{3n} + py^{2n} + qy^n + r = 0$$

est résoluble, puisqu'en faisant $y^n = x$, on a

$$x^3 + px^2 + qx + r = 0,$$

c'est-à-dire une équation du troisième degré.

APPLICATION AU QUATRIÈME DEGRÉ.

200. Représentons toute équation du quatrième degré sans second terme, par

$$x^4 + px^2 + qx + r = 0.$$

Selon la règle donnée ci-dessus, je prends les deux équations

$$y^4 - 1 = 0 \quad \text{et} \quad ay^3 + by^2 + cy + x = 0.$$

Pour éliminer y, je multiplie celle-ci trois fois de suite par y, et je substitue à mesure, au lieu de y^4, sa valeur 1 tirée de l'équation $y^4 - 1 = 0$; ce procédé me donne (en comprenant la seconde équation) les quatre équations suivantes :

$$ay^3 + by^2 + cy + x = 0,$$
$$by^3 + cy^2 + xy + a = 0,$$
$$cy^3 + xy^2 + ay + b = 0,$$
$$xy^3 + ay^2 + by + c = 0.$$

Si, à l'aide des trois premières, on tire les valeurs de y^3, y^2 et y, on aura

$$y^3 = \frac{-x^3 + b^2x - bc^2 + 2acx - a^2b}{ax^2 - 2bcx + ab^2 + c^3 - a^2c},$$

$$y^2 = \frac{cx^2 - 2abx + a^3 - ac^2 + b^2c}{ax^2 - 2bcx + ab^2 + c^3 - a^2c},$$

et

$$y = \frac{-a^2x + bx^2 - c^2x - b^3 + 2abc}{ax^2 - 2bcx + ab^2 + c^3 - a^2c},$$

substituant dans la dernière, on aura, après avoir chassé le dénominateur, fait les réductions ordinaires et changé les signes,

$$\left.\begin{array}{l} x^4 - 4acx^2 + 4a^2bx - a^4 \\ \quad - 2bbx^2 + 4bc^2x - c^4 \\ \qquad\qquad\qquad + b^4 \\ \qquad\qquad\qquad + 2a^2c^2 \\ \qquad\qquad\qquad - 4ab^2c \end{array}\right\} = 0$$

Pour que cette équation soit la même que $x^4 + px^2 + qx + r = 0$, il faut donc que

$$- 4ac - 2b^2 = p,$$
$$4a^2b + 4bc^2 = q,$$
$$- a^4 - c^4 + b^4 + 2a^2c^2 - 4ab^2c = r;$$

ce sont ces trois équations qui doivent faire connaître a, b et c.

Pour avoir l'équation qui donnera b, je prends dans la seconde la valeur de $a^2 + c^2$, en divisant par $4b$; et j'ai

$$a^2 + c^2 = \frac{q}{4b};$$

je carre cette équation, ce qui me donne

$$a^4 + 2a^2c^2 + c^4 = \frac{qq}{16b^2};$$

et par conséquent $\quad a^4 + c^4 = \frac{qq}{16b^2} - 2a^2c^2;$

je substitue cette valeur de $a^4 + c^4$ dans la troisième équation, et j'ai

$$- \frac{qq}{16b^2} + 4a^2c^2 + b^4 - 4ab^2c = r.$$

De la première équation $- 4ac - 2b^2 = p$, je tire la valeur de ac, qui est

$$ac = \frac{-p - 2b^2}{4};$$

substituant dans l'équation

$$- \frac{qq}{16b^2} + 4a^2c^2 + b^4 - 4ab^2c = r,$$

j'ai $\quad - \frac{qq}{16b^2} + 4 \cdot \left(\frac{-p - 2b^2}{4}\right)^2 + b^4 - 4b^2 \cdot \left(\frac{-p - 2b^2}{4}\right) = r,$

ou $\quad - \frac{qq}{16b^2} + \frac{4p^2 + 16pb^2 + 16b^4}{16} + b^4 + \frac{4pb^2 + 8b^4}{4} = r,$

ou, enfin, chassant les fractions, transposant, réduisant et ordonnant par rapport à b,

$$64b^6 + 32pb^4 + 4p^2b^2 - qq = 0;$$
$$- 16rb^2$$

équation du sixième degré, mais qui n'a que la difficulté de celles du troisième, en regardant b^2 comme l'inconnue : on appelle cette équation *la réduite*, parce que c'est à sa résolution que se réduit celle des équations du quatrième degré.

201. Si l'on fait attention que le dernier terme q^2 de cette équation a le signe $-$, on verra que b^2 doit avoir au moins une valeur positive; car dans ce cas l'équation ne peut avoir été produite que par la multiplication de trois facteurs tels que $(b^2 - l)\ (b^2 - m)\ (b^2 - n)$, ou de trois facteurs tels que $(b^2 + l)\ (b^2 + m)\ (b^2 - n)$; il n'y a que ces deux combinaisons qui puissent donner le signe $-$ au dernier terme; il y aura donc au moins un facteur de cette forme $b^2 - n$; donc **(178)** $b^2 = n$, c'est-à-dire que b^2 aura au moins une valeur positive. Donc, puisque cette équation donne $b = \pm \sqrt{n}$, b aura au moins deux valeurs réelles.

202. Déterminons maintenant a et c. Les deux équations

$$- 4ac - 2b^2 = p, \quad \text{et} \quad 4a^2b + 4bc^2 = q$$

trouvées ci-dessus, donnent

$$2ac = - \tfrac{1}{2}p - b^2 \quad \text{et} \quad a^2 + c^2 = \frac{q}{4b}.$$

Ajoutant la première à la seconde, et la retranchant aussi de la seconde, on aura les deux équations suivantes :

$$a^2 + 2ac + c^2 = \frac{q}{4b} - \tfrac{1}{2}p - b^2,$$

$$a^2 - 2ac + c^2 = \frac{q}{4b} + \tfrac{1}{2}p + b^2;$$

tirant la racine carrée de chacune, on aura

$$a + c = \pm \sqrt{\frac{q}{4b} - \tfrac{1}{2}p - b^2},$$

et

$$a - c = \pm \sqrt{\frac{q}{4b} + \tfrac{1}{2}p + b^2},$$

les deux signes de chaque équation pouvant être pris dans tel ordre que l'on voudra.

De là il est aisé de déduire a et c ; mais nous allons voir qu'on n'a besoin que de $a+c$ et de $a-c$. Développons auparavant les quatre valeurs de x.

L'équation $$ay^3 + by^2 + cy + x = 0,$$

donne $$x = -ay^3 - by^2 - cy ;$$

il s'agit donc d'avoir les quatre valeurs de y que peut donner l'équation

$$y^4 - 1 = 0, \quad \text{ou} \quad y^4 = 1.$$

Or, en tirant la racine quatrième, on a

$$y = \pm \sqrt[4]{1} = \pm 1,$$

c'est-à-dire $$y = 1 \quad \text{et} \quad y = -1.$$

Ayant trouvé ces deux valeurs de y, il faut (**187**), pour avoir les deux autres, diviser $y^4 - 1$ par le produit $y^2 - 1$ des deux facteurs $y - 1$ et $y + 1$, ce qui donne $y^2 + 1$ pour quotient ; égalant ce quotient à zéro (**187**), on aura $y^2 + 1 = 0$, pour l'équation qui doit donner les deux autres racines, que l'on trouvera être

$$y = +\sqrt{-1} \quad \text{et} \quad y = -\sqrt{-1}.$$

Les quatre valeurs de x seront donc

$$
\begin{aligned}
x &= -\ a - b - c && \text{ou} && x = -b - (a+c), \\
x &= \ \ \ \ a - b + c && \text{ou} && x = -b + (a+c), \\
x &= \ \ \ a\sqrt{-1} + b - c\sqrt{-1} && \text{ou} && x = +b + (a-c)\sqrt{-1}, \\
x &= -a\sqrt{-1} + b + c\sqrt{-1} && \text{ou} && x = +b - (a-c)\sqrt{-1}.
\end{aligned}
$$

Substituant, au lieu de $a+c$ et $a-c$, leurs valeurs trouvées ci-dessus, et faisant attention que

$$\pm \sqrt{\left(\frac{q}{4b} + \tfrac{1}{2}p + b^2\right)} \times \sqrt{-1} = \pm \sqrt{-\frac{q}{4b} - \tfrac{1}{2}p - b^2},$$

on aura

$$x = -b \mp \sqrt{\frac{q}{4b} - \tfrac{1}{2}p - b^2}, \quad x = -b \pm \sqrt{\frac{q}{4b} - \tfrac{1}{2}p - b^2},$$

$$x = +b \pm \sqrt{-\frac{q}{4b} - \tfrac{1}{2}p - b^2}, \quad x = +b \mp \sqrt{-\frac{q}{4b} - \tfrac{1}{2}p - b^2};$$

équations dans lesquelles il est facile de voir que des deux signes $+$ et $-$, soit qu'on prenne le signe supérieur, soit qu'on prenne le signe inférieur, on aura toujours les quatre mêmes valeurs de x, l'une quelconque d'entre elles ne faisant alors que se changer en l'une des autres. Ainsi, pour une même valeur de b, on n'aura jamais que quatre valeurs de x, savoir :

$$x = -b - \sqrt{\frac{q}{4b} - \tfrac{1}{2}p - b^2}, \quad x = -b + \sqrt{\frac{q}{4b} - \tfrac{1}{2}p - b^2},$$

$$x = +b + \sqrt{-\frac{q}{4b} - \tfrac{1}{2}p - b^2}, \quad x = +b - \sqrt{-\frac{q}{4b} - \tfrac{1}{2}p - b^2}.$$

203. Puisque l'équation du sixième degré qui doit donner b, donne trois valeurs de b^2, on aura donc trois valeurs de b qui auront le signe $+$, et trois qui auront le signe $-$; or il est facile de voir que soit qu'on mette $+b$, soit qu'on mette $-b$ dans les quatre dernières valeurs de x, il en résulte toujours les quatre mêmes valeurs. Il ne s'agit donc plus que de faire voir que chacune des trois valeurs de b qui auront le signe $+$, ne donnera jamais aussi que les mêmes quatre valeurs de x.

Pour le démontrer, reprenons les équations

$$-4ac - 2b^2 = p,$$

$$4a^2b + 4bc^2 = q,$$

et
$$-a^4 - c^4 + b^4 + 2a^2c^2 - 4ab^2c = r.$$

Carrons la deuxième de ces équations, nous aurons

$$16b^2(a^2 + c^2)^2 = qq;$$

mettons, au lieu de b^2, sa valeur $\dfrac{-p - 4ac}{2}$ tirée de la première,

il viendra
$$-8(p + 4ac)(a^2 + c^2)^2 = qq.$$

Substituons de même, au lieu de b^2, sa valeur dans la troisième équation, et nous aurons, après les réductions faites,

$$-a^4 - c^4 + \frac{pp}{4} + 4pac + 14a^2c^2 = r.$$

Reprenons maintenant l'équation du sixième degré

$$64b^6 + 32pb^4 + 4ppb^2 - qq = 0,$$
$$-16rb^2$$

et substituons-y pour qq et pour r leurs valeurs que nous venons de calculer. Nous aurons, après les réductions faites, et après avoir divisé par 8, l'équation suivante :

$$8b^6 + 4pb^4 + 2a^4b^2 \quad + (p + 4ac)(a^2 + c^2) = 0.$$
$$+ 2c^4b^2$$
$$- 8pacb^2$$
$$- 28a^2c^2b^2$$

Or, puisqu'on a trouvé $2b^2 = -p - 4ac$, il s'ensuit (**187**) que $2b^2 + p + 4ac$ doit diviser l'équation $8b^6 + 4pb^4\ldots\ldots$, ce qui a lieu en effet. Si l'on fait la division, et qu'on égale ensuite à zéro le quotient, pour avoir les deux autres valeurs de b^2, on aura

$$4b^4 - 8acb^2 + a^4 + c^4 + 2a^2c^2 = 0.$$

Cette équation étant résolue comme une équation du second degré, donne

$$2b^2 = 2ac \pm (a + c)(a - c)\sqrt{-1},$$

ou, en doublant,

$$4b^2 = 4ac \pm 2(a + c)(a - c)\sqrt{-1}.$$

Or le dernier membre est * le carré de $(a + c) \pm (a - c)\sqrt{-1}$; donc

$$4b^2 = [(a + c) \pm (a - c)\sqrt{-1}]^2,$$

et par conséquent **

$$2b = + [(a + c) \pm (a - c)\sqrt{-1}];$$

c'est-à-dire, $\quad 2b = (a + c) \pm (a - c)\sqrt{-1}$;

ainsi, puisqu'on a trouvé ci-dessus,

$$b^2 = \frac{-p - 4ac}{2},$$

les trois valeurs positives de b sont donc

$$b = +\sqrt{\frac{-p - 4ac}{2}},$$
$$b = \tfrac{1}{2}(a + c) + \tfrac{1}{2}(a - c)\sqrt{-1},$$
$$b = \tfrac{1}{2}(a + c) - \tfrac{1}{2}(a - c)\sqrt{-1}.$$

---

* Il ne faut autre chose, pour s'en assurer, que carrer la quantité

$$(a + c) \pm (a - c)\sqrt{-1}.$$

Mais si l'on demande comment on a trouvé cela, on le verra dans la suite.

** Nous ne prenons ici que le signe + pour la racine du second membre, parce que nous avons vu ci-dessus que la valeur négative de b mènerait aux mêmes conclusions.

Représentons la seconde de ces valeurs par b', et la troisième par b''; alors en ajoutant et retranchant, on aura

$$a + c = b' + b'' \quad \text{et} \quad (a - c)\sqrt{-1} = b' - b''.$$

Si l'on substitue les valeurs de $a + c$ et $(a - c)\sqrt{-1}$ dans les quatre premières valeurs de x trouvées ci-dessus, elles se réduiront à

$$x = -b - b' - b'', \quad x = -b + b' + b'',$$
$$x = +b + b' - b'', \quad x = +b - b' + b'',$$

qu'on peut encore mettre sous cette forme,

$$x = -b - b' - b'', \qquad x = +b + b' + b'' - 2b,$$
$$x = +b + b' + b'' - 2b'', \quad x = +b + b' + b'' - 2b',$$

où l'on voit clairement qu'il ne peut y avoir que quatre valeurs de x; car si l'on change par exemple b en b', il faut changer en même temps b' en b, puisqu'on voit que les trois racines b, b', b'' entrent toutes à la fois dans chacune de ces valeurs de x. Or ce changement donne les quatre mêmes valeurs pour x.

204. Revenons maintenant à la première expression des valeurs de x, c'est-à-dire aux valeurs

$$x = -b - (a + c), \qquad x = -b + (a + c),$$
$$x = +b + (a - c)\sqrt{-1}, \quad x = +b - (a - c)\sqrt{-1}.$$

Elles nous offrent trois cas : ou $a + c$ et $(a - c)\sqrt{-1}$ sont toutes deux réelles, ou elles sont toutes deux imaginaires, ou enfin l'une des deux est réelle et l'autre imaginaire. Or j'observe d'abord que lorsqu'elles sont imaginaires, elles peuvent toujours être réduites à des imaginaires de cette forme $\sqrt{-m}$, ou $\sqrt{m} \cdot \sqrt{-1}$, m étant une quantité réelle; car puisqu'on a

$$a + c = \sqrt{\frac{q}{4b} - \tfrac{1}{2}p - b^2} \quad \text{et} \quad (a - c)\sqrt{-1} = \sqrt{-\frac{q}{4b} - \tfrac{1}{2}p - b^2},$$

b ayant toujours (**201**) au moins une valeur réelle que l'on peut toujours employer ; elles ne peuvent devenir imaginaires que lorsque la quantité qui est sous le radical actuel sera négative*.

---

* Il n'en serait pas de même si b n'avait aucune valeur réelle. Car b étant une imaginaire de cette forme $\sqrt{-k}$, $a + c$ et $(a - c)\sqrt{-1}$ pourraient être des imaginaires de cette forme $\sqrt{-\dfrac{m}{\sqrt{-k}} - h}$.

205. Cela posé, si $a+c$ et $(a-c)\sqrt{-1}$ sont toutes deux réelles, auquel cas les quatre valeurs de x seront réelles, puisque b a toujours une valeurs réelle, il est évident que les deux autres valeurs de $4b^2$, savoir $[(a+c)\pm(a-c)\sqrt{-1}]^2$, seront réelles et positives.

206. Si au contraire $a+c$ et $(a-c)\sqrt{-1}$ sont toutes deux imaginaires, auquel cas les quatre valeurs de x seront imaginaires, alors si on représente $a+c$ par $k\sqrt{-1}$ et $(a-c)\sqrt{-1}$ par $l\sqrt{-1}$, k et l seront des quantités réelles, selon ce qui vient d'être dit (**204**); on aura donc

$$4b^2 = [(k\pm l)\sqrt{-1}]^2 = -(k\pm l)^2;$$

c'est-à-dire que les deux autres valeurs de b^2 seront réelles, mais négatives.

207. Enfin, si des deux quantités $a+c$ et $(a-c)\sqrt{-1}$, l'une seulement est réelle, il est évident que, des quatre valeurs de x, deux seront réelles, et deux imaginaires; or dans ce cas on voit aussi clairement, que les deux valeurs de $4b^2$ exprimées par $[(a+c)\pm(a-c)\sqrt{-1}]^2$ seront imaginaires.

208. Donc si la réduite, considérée comme équation du troisième degré, a ses trois racines réelles et positives, l'équation du quatrième degré aura ses racines réelles.

Si la réduite, ayant ses trois racines réelles, n'en a qu'une positive, l'équation du quatrième degré aura ses quatre racines imaginaires.

Enfin, de ces quatre racines, deux seront réelles et deux seront imaginaires, si la réduite n'a qu'une racine réelle.

209. Puisque la formule des racines d'une équation du 3e degré ne donne ces racines sous une forme réelle que lorsqu'il n'y a qu'une racine réelle (**197**), il faut conclure qu'on n'aura les racines du 4e degré sous une forme réelle que lorsqu'il n'y aura que deux de ces racines qui soient réelles.

210. Voyons quelques exemples. Supposons qu'on demande les racines de l'équation

$$x^4 + 3x^2 - 52x + 48 = 0.$$

Nous avons ici $p=3$, $q=-52$, $r=48$, et par conséquent $qq=2704$. La réduite sera donc

$$64b^6 + 96b^4 - 732b^2 - 2704 = 0,$$

ou, en faisant pour simplifier $4b^2 = u$,

$$u^3 + 6u^2 - 183u - 2704 = 0.$$

Pour faire disparaître le second terme, je fais $u = z - 2$, ce qui me donne

$$z^3 - 195z - 2322 = 0.$$

Selon ce qui a été dit (**197**) sur les équations du 3e degré, on trouvera que z n'a qu'une valeur réelle qui est

$$z = -\sqrt[3]{-1161 + \sqrt{1073296}} - \sqrt[3]{-1161 - \sqrt{1073296}};$$

or $\sqrt{1073296}$ est 1036;

on a donc

$$z = -\sqrt[3]{-1161 + 1036} - \sqrt[3]{-1161 - 1036};$$

c'est-à-dire $\qquad z = -\sqrt[3]{-125} - \sqrt[3]{2197}$,

ou $\qquad\qquad z = \sqrt[3]{125} + \sqrt[3]{2197}$,

ou $\qquad\qquad z = 5 + 13 = 18.$

Donc puisque $u = z - 2$, on a $u = 18 - 2 = 16$, par conséquent $4b^2 = u = 16$; donc $b^2 = 4$ et $b = 2$. Substituant cette valeur de b, et celles de p, q et r, dans les valeurs de $a + c$ et de $(a - c)\sqrt{-1}$ trouvées ci-dessus, on aura

$$a + c = \sqrt{-\tfrac{52}{8} - \tfrac{3}{2} - 4} = \sqrt{-12};$$

et $\qquad (a - c)\sqrt{-1} = \sqrt{\tfrac{52}{8} - \tfrac{3}{2} - 4} = \sqrt{1} = 1.$

Donc les quatre valeurs de x seront

$$x = -2 - \sqrt{-12}, \quad x = -2 + \sqrt{-12},$$
$$x = +2 + 1 \quad \text{et} \quad x = +2 - 1.$$

Ainsi les deux valeurs réelles sont $x = 3$, et $x = 1$.

Dans cet exemple, les nombres se sont trouvés tels, qu'il a été possible d'évaluer exactement chaque radical. Mais ces cas sont fort rares. Le plus souvent, lorsqu'on veut avoir la valeur numérique dégagée de radicaux, il faut évaluer chaque radical par approximation.

Prenons pour second exemple l'équation

$$y^4 + 4y^3 + 9y^2 + 12y + 3 = 0.$$

Je commence par faire disparaître le second terme, en faisant (**192**) $y = x - 1$: j'ai pour nouvelle équation

$$x^4 + 3x^2 + 2x - 3 = 0.$$

On a donc ici, $p=3$, $q=2$, $r=-3$; ainsi la réduire devient
$$64b^6+96b^4+84b^2-4=0;$$
ou, en faisant $4b^2=u$,
$$u^3+6u^2+21u-4=0.$$

Je fais disparaître le second terme, en posant $u=z-2$, ce qui donne
$$z^3+9z-30=0,$$

équation qui (**197**) n'a qu'une racine réelle, et qui annonce par conséquent (**208**) que l'équation du quatrième degré n'en aura que deux réelles. Appliquant donc les formules données (**195**), on trouvera

$$z=-\sqrt[3]{-15+\sqrt{252}}-\sqrt[3]{-15-\sqrt{252}},$$

ou
$$z=\sqrt[3]{15-\sqrt{252}}+\sqrt[3]{15+\sqrt{252}};$$

donc
$$u=z-2=-2+\sqrt[3]{15-\sqrt{252}}+\sqrt[3]{15+\sqrt{252}};$$

donc puisque $4b^2=u$, et par conséquent $b=\sqrt{\dfrac{u}{4}}=\tfrac{1}{2}\sqrt{u}$, on a

$$b=\tfrac{1}{2}\sqrt{-2+\sqrt[3]{15-\sqrt{252}}+\sqrt[3]{15+\sqrt{252}}}.$$

Substituant cette valeur de b, celles de p et q, dans les formules des quatre valeurs générales de x, on trouvera que les deux valeurs réelles sont comprises dans cette équation

$$x=\begin{cases}-\tfrac{1}{2}\sqrt{-2+\sqrt[3]{15-\sqrt{252}}+\sqrt[3]{15+\sqrt{252}}}\\[2mm]\pm\sqrt{\sqrt{-2+\sqrt[3]{15-\sqrt{252}}+\sqrt[3]{15+\sqrt{252}}}}\\[2mm]-1-\tfrac{1}{4}\sqrt[3]{15-\sqrt{252}}-\tfrac{1}{4}\sqrt[3]{15+\sqrt{252}}\end{cases}$$

RÉFLEXIONS SUR LA MÉTHODE PRÉCÉDENTE, ET SUR SON APPLICATION AUX ÉQUATIONS DES DEGRÉS SUPÉRIEURS AU QUATRIÈME.

211. L'équation qui nous a donné la valeur de b pour le 4e degré, n'a monté qu'au 6e degré ; mais si nous avions cherché directement l'équation qui doit donner a, ou celle qui doit donner c, nous serions parvenus à une équation du 24e degré, ainsi qu'on peut s'en convaincre de la manière suivante. Nous avons trouvé ci-dessus (**205**), en transformant la réduite,

$$-8\,(p+4ac)\times(a^2+c^2)^2=qq,$$

et
$$-a^4-c^4+\frac{pp}{4}+4pac+14a^2c^2=r.$$

Si l'on multiplie cette dernière équation par $(p+4ac)'$, et que du produit on retranche la première, on aura, après les réductions faites,

$$512a^3c^3+256pa^2c^2+40ppac+2p^3=0,$$
$$-\ 32rac-8pr$$
$$+\ qq$$

équation qui étant combinée avec l'équation $-a^4-c^4+$ etc.$=r$, pour éliminer c, donnera (**169**) une équation du 24ᵉ degré.

Mais sans se donner la peine de faire ce calcul, on peut s'en assurer encore de cette autre manière.

L'équation
$$-8\,(p+4ac)\,(a^2+c^2)^2=qq$$

donne
$$(a^2+c^2)^2=-\frac{qq}{8\,(p+4ac)},$$

et par conséquent

$$a^4+c^4=-\frac{qq}{8\,(p+4ac)}-2a^2c^2.$$

Or si l'on résout l'équation $512a^3c^3+\ldots\ldots$, qui, en considérant ac comme l'inconnue, est du troisième degré, on aura une valeur de ac, qui étant substituée dans le second membre de l'équation $a^4+c^4=\ldots\ldots$, en fera une quantité toute connue que j'appelle A. Si l'on représente maintenant par B cette valeur de ac, on aura $c=\dfrac{B}{a}$, donc l'équation $a^4+c^4=$ A, deviendra $a^8-Aa^4=-B^4$, qui, ayant huit racines, donnera huit valeurs de a. Or ac a trois valeurs; on aura donc trois équations du huitième degré, et par conséquent 24 valeurs pour a; donc l'équation en a sera du vingt-quatrième degré.

212. Mais on voit en même temps que les exposants de toutes les puissances de a que cette équation renfermera, seront des multiples de **4**, puisque (**185**) elle sera le produit de trois quantités de la forme de $a^8-Aa^4+B^4$, devant renfermer les 24 racines que ces trois-ci fournissent. Donc si l'on y fait

$a^4 = u$, on aura en u une équation du sixième degré. Or je dis que cette équation ne peut renfermer que des radicaux carrés et des radicaux cubes, ce qui est évident en résolvant l'équation

$$a^8 - A a^4 = - B^4$$

comme une équation du second degré; car alors on aura

$$a^4 = \tfrac{1}{2} A \pm \sqrt{\tfrac{1}{4} AA - B^4},$$

quantité dans laquelle A et B ne peuvent être composés que de radicaux carrés et de radicaux cubes, puisqu'ils ne dépendent que d'une équation du troisième degré.

213. Si l'on se rappelle maintenant ce que nous avons vu sur le troisième degré, où la réduite était $a^6 - qa^3 = \tfrac{1}{27}p^3$; il est clair que a^3 ne peut renfermer que des radicaux carrés. Enfin il est évident que dans l'équation du second degré sans second terme, $x^2 + p = 0$, en faisant comme ci-dessus $y^2 - 1 = 0$ et $ay + x = 0$, la réduite sera $a^2 + p = 0$ qui ne donne qu'une valeur pour a^2; ainsi la réduite du second degré ne donne pour a^2 qu'un radical du premier degré, c'est-à-dire une quantité sans radical.

Donc en remontant, on conclura par analogie que, si la réduite du cinquième degré ne renferme d'autres puissances de a que celles qui sont des multiples de 5, la valeur de a^5 ne renfermera que des radicaux quatrièmes, des radicaux cubes et des radicaux carrés; donc si l'on démontre que par la méthode actuelle, cette réduite ne peut renfermer que des puissances de a dont les exposants soient des multiples de 5, il s'ensuivra que cette méthode réduit la difficulté des équations du cinquième degré à celle des degrés inférieurs. Or voici comment on peut s'assurer que la réduite n'aura pas d'autres puissances de a.

214. Supposant que

$$x^5 + px^3 + qx^2 + rx + s = 0$$

représente généralement toute équation du cinquième degré; et prenant, selon la méthode, les deux équations

$$y^5 - 1 = 0 \quad \text{et} \quad ay^4 + by^3 + cy^2 + dy + x = 0,$$

on aura, après avoir chassé y de la même manière qu'on l'a pratiqué dans le troisième et le quatrième degré, on aura, dis-je,

$$
\begin{aligned}
x^5 &- 5adx^3 + 5bd^2x^2 - 5cd^3x &+ a^5 &= 0. \\
&- 5bcx^3 + 5a^2cx^2 - 5a^3bx &+ b^5 & \\
&\quad\;\; + 5c^2dx^2 - 5b^3dx &+ c^5 & \\
&\quad\;\; + 5ab^2x^2 - 5ac^3x &+ d^5 & \\
&\qquad\qquad\;\; + 5a^2d^2x &- 5a^3cd & \\
&\qquad\qquad\;\; + 5b^2c^2x &- 5ab^3c & \\
&\qquad\qquad\;\; - 5abcdx &- 5abd^3 & \\
&&- 5bc^3d & \\
&&+ 5a^2bc^2 & \\
&&+ 5a^2b^2d & \\
&&+ 5b^2cd^2 & \\
&&+ 5ac^2d^2 &
\end{aligned}
$$

Ayant donc égalé le coefficient de x^3 à p, celui de x^2 à q, celui de x à r, et enfin la totalité des termes sans x à s, on aura quatre équations dans lesquelles si l'on fait $b = ga^2$, $c = ha^3$, $d = ka^4$, ce qui est très-permis, ces quatre équations se changeront en quatre autres qui renfermeront g, h, k et a; mais il n'y aura d'autres puissances de a que a^5, a^{10}.....; donc si l'on conçoit qu'on ait éliminé g, h et k, l'équation finale ne renfermera pas d'autres puissances de a, que celles dont les exposants seront des multiples de 5.

215. On voit donc, d'après tout ce qui précède, qu'à l'égard de a, c'est-à-dire à l'égard du premier coefficient dans l'équation

$$ ay^{m-1} + by^{m-2} \ldots\ldots + x = 0, $$

la réduite est du second degré ou du degré 1.2 pour le second degré. Dans le troisième elle est du sixième degré, ou du degré 1.2.3. Dans le quatrième elle est du vingt-quatrième, ou du degré 1.2.3.4. Il y a donc bien lieu de croire que dans le cinquième elle sera du degré 1.2.3.4.5, c'est-à-dire du cent-vingtième; et du sept cent-vingtième dans le sixième degré, et ainsi de suite.

Et quoique, dans le quatrième degré, on trouve une réduite qui n'est que du sixième degré, c'est une simplification accidentelle, qui probablement aura lieu d'une manière analogue dans les équations dont l'exposant est un nombre composé, mais non dans celles dont l'exposant est un nombre premier.

En effet il est facile de voir pour le quatrième degré, que cette simplification est due à ce que b, dans chacune des équations où il entre, a des relations semblables à l'égard de a et à l'égard de c; au lieu que a n'est pas disposé de la même manière à l'égard de b qu'à l'égard de c. Mais dans le cinquième degré, il n'y a aucune des quantités a, b, c, d dont on puisse dire ce que nous venons de dire de b dans le quatrième; ce qui est facile à voir par les coefficients de l'équation

$$x^5 - (ad + bc)\, x^3 \ldots\ldots = 0$$

rapportée ci-dessus.

216. Quoi qu'il en soit, puisque la réduite du cinquième degré ne peut renfermer d'autres puissances de a que celles dont les exposants sont des multiples de 5, il paraît donc qu'en y faisant $a^5 = u$, l'équation du vingt-quatrième degré qu'on aura alors ne peut plus renfermer que des $\sqrt[4]{}$, des $\sqrt[3]{}$ et des $\sqrt{}$, puisque l'équation $a^5 = u$, donnant $a = \sqrt[5]{u}$, met en évidence les radicaux cinquièmes que doit renfermer l'équation proposée.

On voit par là ce qu'il y a à dire sur les degrés plus élevés. Ceux qui désireront plus de détails sur cette matière peuvent consulter les *Mémoires de l'Académie des Sciences*, années 1762 et 1765, où l'on trouvera, en même temps, plusieurs classes d'équations qui admettent une résolution algébrique facile, ainsi qu'une autre méthode déduite de celle que nous venons d'exposer, et qui simplifie le travail dans les équations dont l'exposant n'est pas un nombre premier.

217. Notre méthode suppose, comme on le voit, qu'on puisse toujours avoir toutes les racines de l'équation à deux termes $y^n - 1 = 0$. Or c'est ce qui ne souffre aucune difficulté, puisqu'en ayant toujours au moins une, par une simple extraction de la racine du degré n, c'est-à-dire, ayant toujours $y = 1$ lorsque n est impair, et $y = 1$, $y = -1$ lorsque n est pair, la difficulté d'avoir les autres est tout au plus de résoudre une équation du degré $n - 1$, ce qu'on est censé savoir déjà, lorsqu'on passe à la résolution d'une équation générale du degré n. Mais la difficulté n'est pas même de ce degré; elle n'est en général que du degré $\dfrac{n-1}{2}$ lorsque n est impair, et du degré $\dfrac{n-2}{2}$ lorsque n est pair, parce qu'après avoir divisé l'équation $y^n - 1$ par sa racine $y - 1$, lorsque n est impair, ou par $(y-1) \times (y+1)$, c'est-à-dire par $y^2 - 1$ lorsque n est pair, le quotient ou l'équation qui doit donner les autres racines sera toujours de cette forme

$$y^k + y^{k-1} + y^{k-2} + y^{k-3} \ldots\ldots + 1 = 0,$$

k étant un nombre pair. Or cette équation est décomposable en un nombre $\dfrac{k}{2}$ de facteurs du second degré, tels que $y^2 + hy + 1$;

et l'équation qui donnera h ne montera jamais qu'au degré $\dfrac{k}{2}$.

Je ne m'arrête pas à démontrer en détail cette dernière proposition; on s'en assurera en prenant, par exemple, pour

$$y^8 + y^7 + y^6 + y^5 + y^4 + y^3 + y^2 + y + 1,$$

une quantité telle que

$$y^6 + ay^5 + by^4 + cy^3 + dy^2 + ey + 1,$$

la multipliant par $y^2 + hy + 1$, et égalant le produit terme à terme à $y^8 + y^7 +$ etc. on aura des équations dont il sera facile de tirer a, b, c, d, e, et l'équation en h sera du quatrième degré. Voyez, pour la démonstration générale, le tome VI des *Mémoires de Pétersbourg*.

DES DIVISEURS COMMENSURABLES DES ÉQUATIONS.

218. On voit, par ce qui précède, que l'expression générale des racines des équations étant un composé de radicaux de différents degrés et différemment mêlés entre eux, il peut très-bien arriver que, quoique la valeur d'une ou de plusieurs racines soit un nombre commensurable, néanmoins elle se présente sous une forme incommensurable; et c'est ce qui arrive en effet dans le troisième et le quatrième degré, et qui arrivera plus que probablement dans les autres degrés. Il est donc utile d'avoir une méthode pour trouver ces diviseurs commensurables, lorsqu'il y en a.

Comme le dernier terme d'une équation est le produit de toutes les racines (**180**), aucun nombre ne peut donc être la valeur commensurable de x dans une équation, qu'autant qu'il sera diviseur exact du dernier terme. On pourrait donc prendre successivement tous les diviseurs du dernier terme, et les sub-stituer successivement tant en $+$ qu'en $-$ (car x peut avoir aussi bien des valeurs négatives comme des positives), au lieu de x dans l'équation : alors le diviseur qui, substitué ainsi ré-duirait toute l'équation à zéro, serait la valeur de x. Bien en-tendu que nous supposons ici qu'on a fait passer tous les termes de l'équation dans un seul membre.

Mais cette opération serait souvent très-longue; nous allons faire voir à quel caractère on distingue ceux qu'on doit ad-mettre et ceux qu'on doit rejeter; mais auparavant il faut ex-poser comment on trouve tous les diviseurs d'un nombre.

219. Pour trouver tous les diviseurs d'un nombre, il faut le diviser successivement par les nombres premiers par lesquels il pourra être divisé, en commençant par les plus simples, et continuer de diviser par le même nombre tant que cela se pourra. Alors on écrit à part et sur une même ligne tous ces nombres premiers, et chacun autant de fois qu'il a pu diviser. On les multiplie ensuite deux à deux, trois à trois, quatre à quatre, etc.; ces produits et les nombres premiers qu'on a trouvés, et l'unité, forment tous les diviseurs cherchés.

Par exemple, veut-on avoir tous les diviseurs de 60. Je di-vise 60 par **2**, ce qui me donne 30; je divise 30 par **2**, ce qui me donne 15; je divise 15 par 3, ce qui me donne 5; enfin je divise 5 par 5, ce qui me donne 1. Ainsi les diviseurs premiers sont 2, 2, 3, 5; je les multiplie deux à deux, ce qui me donne 4, 6, 10, 6, 10, 15. Je les multiplie trois à trois, et j'ai 12, 20, 30, 30; enfin les multipliant quatre à quatre, j'ai 60.

Rassemblant tous ces diviseurs, en rejetant cependant ceux qui se trouvent répétés, j'ai, en y comprenant l'unité qui est diviseur de tout nombre,

$$1, \ 2, \ 3, \ 4, \ 5, \ 6, \ 10, \ 12, \ 15, \ 20, \ 30, \ 60.$$

220. Supposons maintenant qu'on veut avoir les diviseurs commensurables d'une équation, lorsqu'elle en a ; par exemple d'une équation du quatrième degré, représentée générale-ment par

$$x^4 + px^3 + qx^2 + rx + s = 0.$$

Représentons ce diviseur par $x + a$; alors l'équation proposée peut donc (**185**) être considérée comme ayant été formée de la multiplication de $x + a$ par un facteur du troisième degré, tel que $x^3 + hx^2 + mx + n$; multiplions donc ces deux facteurs l'un par l'autre, nous aurons

$$x^4 + kx^3 + mx^2 + nx + an = 0$$
$$+ ax^3 + akx^2 + amx$$

qui, devant être la même chose que

$$x^4 + px^3 + qx^2 + rx + s = 0,$$

donne les équations suivantes :

$$k + a = p, \quad m + ak = q, \quad n + am = r, \quad an = s,$$
$$\text{ou} \qquad n = \frac{s}{a}, \quad m = \frac{r - n}{a}, \quad k = \frac{q - m}{a}, \quad 1 = \frac{p - k}{a}.$$

Supposons donc maintenant qu'ayant pris pour a un des diviseurs du dernier terme, je veux savoir s'il peut être admis; les équations $n = \frac{s}{a}$, $m = \frac{r - n}{a}$, etc. me disent : divisez le dernier terme de l'équation par ce diviseur; retranchez le quotient du coefficient de x, et divisez le reste par ce même diviseur; retranchez ce second quotient du coefficient de x^2, et divisez le reste encore par le même diviseur; et continuez toujours de même jusqu'à ce que vous soyez arrivé au coefficient du second terme de l'équation, pour lequel vous devez trouver 1 pour quotient. Si le diviseur que vous avez pris satisfait à toutes ces divisions, il peut sûrement être pris pour a; mais si l'une seulement de ces divisions ne peut être faite exactement, le nombre que vous avez choisi doit être rejeté.

Comme l'unité est toujours diviseur de tout nombre, il est visible qu'il faudra aussi tenter l'unité, tant en $+$ qu'en $-$; mais on aura plus tôt fait pour celle-ci de l'examiner en substituant successivement $+1$ et -1 au lieu de x dans l'équation, substitution qui est très-facile, puisque toute puissance de $+1$ est $+1$, et que toute puissance paire de -1 est $+1$, et toute puissance impaire, -1. Si ni l'une ni l'autre de ces deux substitutions ne donne 0 pour résultat, alors a ne peut être ni $+1$, ni -1.

Cela posé, voici comment on procédera à l'examen de tous les diviseurs du dernier terme, autres que l'unité.

Supposons qu'on demande si l'équation

$$x^4 - 9x^3 + 23x^2 - 20x + 15 = 0,$$

a quelque diviseur commensurable : je cherche les diviseurs du dernier terme 15, autres que l'unité ; les ayant trouvés, je les écris par ordre de grandeur (en les prenant tant en $+$ qu'en $-$), comme on le voit ici à la première ligne des nombres :

Diviseurs de 15.

$$+15, \quad + \ 5, \quad + \ 3, \quad - \ 3, \quad - \ 5, \quad -15$$
$$+ \ 1, \quad + \ 3, \quad + \ 5, \quad - \ 5, \quad - \ 3, \quad - \ 1$$
$$-21, \quad -23, \quad -25, \quad -15, \quad -17, \quad -19$$
$$+ \ 5$$
$$+18$$
$$- \ 6$$
$$- \ 3$$
$$+ \ 1.$$

Je divise le dernier terme $+15$ par chacun des nombres de la première ligne, et j'écris les quotients pour seconde ligne.

Je retranche chaque terme de la seconde ligne, du coefficient de x, c'est-à-dire de -20, et j'écris les restes pour la troisième ligne.

Je divise chaque terme de celle-ci par le terme correspondant de la première ligne, et à mesure que je trouve un quotient exact, je l'écris. Ici je n'en trouve qu'un, savoir $+5$; ainsi je suis sûr qu'il ne peut y avoir qu'un diviseur commensurable. Mais soit qu'il n'y ait qu'un quotient exact, soit qu'il y en ait plusieurs, on continuera en cette manière.

Je retranche chaque quotient, du coefficient 23 de x^2, et j'écris les restes pour cinquième ligne ; c'est ici 18.

Je divise, de même que ci-devant, chacun de ces restes par le terme correspondant de la première ligne, et j'écris chaque quotient au-dessous ; c'est ici -6.

Je retranche chacun de ces nouveaux quotients, du coefficient -9 de x^3 ; j'écris les restes au-dessous ; c'est ici -3.

Enfin je divise ceux-ci, encore par le terme correspondant de la première suite. Je trouve pour quotient $+1$; d'où je conclus que le terme correspondant -3 de la première ligne est a ; et que par conséquent le diviseur $x + a$ est $x - 3$; c'est-à-dire que $x - 3$ divise l'équation : donc $x = 3$ est la valeur commensurable de x dans l'équation proposée.

Non-seulement, par cette méthode, on trouve le diviseur de l'équation, mais on trouve encore le quotient. Il n'y a qu'à prendre dans la colonne qui a satisfait, les nombres qui se trouvent sur les lignes de numéro pair à compter de la première; ces nombres formeront le dernier terme, et les coefficients successifs de x, x^2, x^3, etc. dans le second facteur de l'équation. Ici par exemple on trouve $-5, +5, -6+1$; j'en conclus que le second facteur est $1x^3 - 6x^2 + 5x - 5$, ou $x^3 - 6x^2 + 5x - 5$; en sorte que l'équation proposée est le produit de $x - 3$ par $x^3 - 6x^2 + 5x - 5$.

Nous prendrons pour second exemple, l'équation suivante

$$x^3 + 2x^2 - 33x + 14 = 0,$$

Diviseurs de 14.

$$
\begin{array}{rrrrrr}
+14, & + 7, & + 2, & - 2, & - 7, & -14 \\
+ 1, & + 2, & + 7, & - 7, & - 2, & - 1 \\
-34, & -35, & -40, & -25, & -31, & -32 \\
 & - 5, & -20, & +13 & & \\
 & + 7, & +22, & -11 & & \\
 & + 1, & +11. & & &
\end{array}
$$

En opérant comme dans l'exemple précédant, on ne trouve que les diviseurs 7 et 2, qui soutiennent l'épreuve jusqu'à la dernière ligne; mais le second, c'est-à-dire 2, ne peut satisfaire, parce que le dernier quotient qu'il donne est 11, au lieu qu'il doit être 1. Ainsi il n'y a qu'un diviseur commensurable, et c'est $x + 7$.

221. Cette méthode s'applique également aux équations littérales; si elles ont le même nombre de dimensions dans chaque terme, alors on n'écrira en première ligne que ceux des diviseurs du dernier terme de l'équation qui ne sont que d'une dimension. Si le nombre des dimensions de chaque terme n'est pas le même, on le rendra tel en introduisant une lettre dont les puissances complètent ce nombre de dimensions.

Quand le nombre des dimensions est le même dans chaque terme d'une équation, on dit alors que l'équation est homogène.

222. Nous avons supposé que le premier terme n'avait aucun coefficient; s'il en avait un, le diviseur au lieu d'être simplement $x + a$, serait en général $mx + a$; et m serait quelqu'un des facteurs du coefficient du premier terme. Alors si l'on voulait faire usage de la méthode précédente, il faudrait pour chaque facteur, au lieu de la seconde ligne, employer cette seconde ligne multipliée par m; au lieu de la quatrième, employer cette quatrième multipliée par m, et ainsi de suite, et n'admettre pour a que les termes de la première qui auraient pour correspondants, dans la dernière, le second facteur du premier terme de l'équation proposée ; mais il suffira de prendre en $+$ les nombres que l'on essayera pour m. Au reste on peut ramener ce cas au précédent, en faisant évanouir ce coefficient par la méthode donnée (**191**).

223. Lorsqu'une équation n'a pas de diviseur commensurable du premier degré, elle peut néanmoins en avoir du second. On peut trouver ceux-ci par une méthode analogue à celle que nous venons d'exposer; mais les calculs deviennent très-longs. On aura aussitôt fait en cette manière. Représentez ce facteur par $x^2 + mx + n$; multipliez-le par un autre facteur convenable pour produire une quantité du degré de l'équation proposée, c'est-à-dire par un facteur du troisième degré, tel que $x^3 + ax^2 + bx + c$, si l'équation proposée est du cinquième. Égalez le produit terme à terme avec l'équation; vous aurez autant d'équations particulières que d'inconnues a, b, c, m, n, etc. De ces équations vous tirerez aisément les valeurs de a, b, c, que vous substituerez dans les équations restantes ; alors vous aurez deux équations qui ne renfermeront plus d'inconnues que m et n. Chassez m par les règles données (**167**), et cherchez les diviseurs commensurables de l'équation en n. Vous aurez la valeur de n, par le moyen de laquelle et de la valeur de m en n que vous aurez en éliminant, vous déterminerez m, et par conséquent le facteur $x^2 + mx + n$.

On voit par là comment on doit s'y prendre pour trouver les facteurs commensurables des 3e, 4e, etc. degrés.

DE L'EXTRACTION DES RACINES DES QUANTITÉS EN PARTIE COMMENSURABLES ET EN PARTIE INCOMMENSURABLES.

224. Les équations qui se résolvent à la manière de celles du second degré (**173**) conduisent à des expressions de cette forme $\sqrt{7 + \sqrt{48}}$, ou $\sqrt[3]{26 + 15\sqrt{3}}$, ou etc. Ces quantités peuvent souvent être ramenées à ne renfermer que des quantités rationnelles et de simples radicaux carrés; ou seulement des radicaux carrés; ou encore, des radicaux carrés, multipliés ou divisés par un radical simple de même degré que le radical supérieur. Voyons comment on doit s'y prendre pour les quantités de la forme $\sqrt{C + \sqrt{D}}$.

Je représente cette quantité par $\sqrt{m} + \sqrt{n}$, m et n étant deux inconnues. J'aurai donc

$$\sqrt{C + \sqrt{D}} = \sqrt{m} + \sqrt{n};$$

en carrant, il vient

$$C + \sqrt{D} = m + 2\sqrt{mn} + n.$$

Comme j'ai deux inconnues et une seule équation, je suis maître de déterminer l'une de ces inconnues par telle condition que je voudrai; je puis donc supposer $2\sqrt{mn} = \sqrt{D}$, et alors l'équation se réduit à

$$C = m + n;$$

je carre la première de ces deux-ci, et la seconde; j'ai

$$4mn = D \quad \text{et} \quad m^2 + 2mn + n^2 = C^2;$$

je retranche la première de ces deux équations-ci de la seconde, et j'ai

$$m^2 - 2mn + n^2 = C^2 - D;$$

d'où l'on voit que pour que m et n soient commensurables, il faut que la valeur de $C^2 - D$ soit un carré, puisque $m^2 - 2mn + n^2$ est un carré. Tirant donc la racine carrée, on aura

$$m - n = \sqrt{C^2 - D};$$

or nous avions, ci-dessus,

$$m + n = C;$$

ajoutant et retranchant ces deux équations, et divisant par 2 on aura

$$m = \tfrac{1}{2} C + \tfrac{1}{2}\sqrt{C^2 - D}, \quad \text{et} \quad n = \tfrac{1}{2} C - \tfrac{1}{2}\sqrt{C^2 - D};$$

donc

$$\sqrt{C + \sqrt{D}} = \sqrt{\tfrac{1}{2} C + \tfrac{1}{2}\sqrt{C^2 - D}} + \sqrt{\tfrac{1}{2} C - \tfrac{1}{2}\sqrt{C^2 - D}};$$

or quoique chacun des deux termes de ce second membre renferme deux radicaux, cependant chacun n'en aura véritablement qu'un seul, lorsque $\sqrt{C + \sqrt{D}}$ sera réductible, puisque alors $C^2 - D$ sera un carré, ainsi que nous venons de le voir.

Prenons pour exemple la quantité $\sqrt{7 + \sqrt{48}}$: ici, $C = 7$, $\sqrt{D} = \sqrt{48}$, et par conséquent $D = 48$, donc $C^2 - D = 49 - 48 = 1$, et $\sqrt{C^2 - D} = \sqrt{1} = 1$; on aura donc, en substituant dans la formule que nous venons de trouver,

$$\sqrt{7 + \sqrt{48}} = \sqrt{\tfrac{7}{2} + \tfrac{1}{2}} + \sqrt{\tfrac{7}{2} - \tfrac{1}{2}} = \sqrt{4} + \sqrt{3} = 2 + \sqrt{3}.$$

Si l'on avait $\sqrt{11 + 6\sqrt{2}}$, en faisant passer 6 sous le second radical (**112**), on aurait $\sqrt{11 + \sqrt{72}}$, que l'on trouvera de même se réduire à $3 + \sqrt{2}$.

Pour second exemple, nous prendrons

$$\sqrt{4ac + 2(a+c)(a-c)\sqrt{-1}}$$

que nous avons dit ci-dessus (**113**), valoir $(a+c) + (a-c)\sqrt{-1}$.

Si l'on fait passer $2(a+c)(a-c)$ sous le radical $\sqrt{-1}$, la quantité

$$\sqrt{4ac + 2(a+c)(a-c)\sqrt{-1}},$$

devient

$$\sqrt{4ac + \sqrt{-4(a+c)^2(a-c)^2}}:$$

donc

$$C = 4ac,$$

$$\sqrt{D} = \sqrt{-4(a+c)^2(a-c)^2},$$

ou $\quad D = -4(a+c)^2(a-c)^2 = -4a^4 + 8a^2c^2 - 4c^4$;

donc $\quad C^2 - D = 16a^2c^2 + 4a^4 - 8a^2c^3 + 4c^4 = 4a^4 + 8a^2c^2 + c^4$;

donc

$$\sqrt{C^2 - D} = 2(a^2 + c^2);$$

donc la formule devient alors

$$\sqrt{2ac + a^2 + c^2} + \sqrt{2ac - a^2 - c^2},$$

c'est-à-dire

$$\sqrt{(a+c)^2} + \sqrt{(a-c)^2 \times (-1)},$$

qui se réduit à

$$(a+c) + (a-c)\sqrt{-1}.$$

Si au lieu de $\sqrt{C + \sqrt{D}}$, on avait $\sqrt{C - \sqrt{D}}$, au lieu de

$$\sqrt{\tfrac{1}{2}C + \tfrac{1}{2}\sqrt{C^2 - D}} + \sqrt{\tfrac{1}{2}C - \tfrac{1}{2}\sqrt{C^2 - D}},$$

on aurait $\quad \sqrt{\tfrac{1}{2}C + \tfrac{1}{2}\sqrt{C^2 - D}} - \sqrt{\tfrac{1}{2}C - \tfrac{1}{2}\sqrt{C^2 - D}}.$

225. Voyons maintenant les quantités de la forme

$$\sqrt[3]{C + \sqrt{D}}.$$

Si l'on peut tirer exactement la racine cubique de la quantité représentée par $C + \sqrt{D}$, cette racine ne peut être qu'une quantité de cette forme $m\sqrt[3]{k} + \sqrt[3]{k}.\sqrt{n}$; car si l'on supposait qu'elle peut renfermer deux radicaux carrés, le cube en renfermerait deux aussi, ainsi qu'on peut le voir en cubant $\sqrt{g} + \sqrt{h}$. Mais on voit, par le même moyen, qu'elle peut renfermer un radical cube, tel que $\sqrt[3]{k}$. Cela posé, faisons donc

$$\sqrt[3]{C + \sqrt{D}} = m\sqrt[3]{k} + \sqrt[3]{k}\sqrt{n};$$

nous aurons, en cubant,

$$C + \sqrt{D} = m^3 k + 3m^2 k\sqrt{n} + 3mkn + kn\sqrt{n}$$
$$= m^3 k + 3mkn + (3m^2 k + kn)\sqrt{n};$$

égalant donc la partie irrationnelle, à la partie irrationnelle, nous aurons

$$\sqrt{D} = (3m^2 k + kn)\sqrt{n}, \quad \text{et} \quad C = m^3 k + 3mkn;$$

carrant la première équation et la seconde, on aura

$$D = 9m^4 k^2 n + 6m^2 k^2 n^2 + k^2 n^3,$$

et

$$C^2 = m^6 k^2 + 6m^4 k^2 n + 9m^2 k^2 n^2;$$

retranchant la première de ces deux équations, de la seconde, on a

$$C^2 - D = m^6 k^2 - 3m^4 k^2 n + 3m^2 k^2 n^2 - k^2 n^3,$$

ou, multipliant tout par k,

$$C^2 k - Dk = m^6 k^3 - 3m^4 k^3 n + 3m^2 k^3 n^2 - k^3 n^3;$$

tirant la racine cubique, il vient

$$m^2 k - nk = \sqrt[3]{C^2 k - Dk},$$

et par conséquent $\quad m^2 - n = \dfrac{\sqrt{(C^2 - D)k}}{k};$

donc pour que $m^2 - n$ soit rationnel, et par conséquent, pour que $C + \sqrt{D}$ ait une racine cubique, il faut que $(C^2 - D)\,k$ soit un cube exact, ce que l'on peut toujours obtenir en prenant pour k un nombre convenable; car k est absolument arbitraire, en sorte que si $C - D$ est un cube parfait, on fera $k = 1$. Faisons donc pour abréger

$$\frac{\sqrt[3]{(C^2 - D)\,k}}{k} = p;$$

nous aurons $m^2 - n = p$, et par conséquent $n = m^2 - p$; substituant cette valeur dans l'équation $C = m^3k + 3mkn$, il viendra, après les réductions faites,

$$4km^3 - 3pkm - C = 0.$$

Afin donc que m et n soient rationnels, il faut que la valeur de m tirée de cette dernière équation soit rationnelle ; il faudra donc chercher les diviseurs commensurables de cette équation (**220**), qui ne peut manquer d'en avoir, si m et n peuvent être rationnels, c'est-à-dire si la quantité proposée est susceptible d'une racine cubique de la forme $m\sqrt[3]{k} + \sqrt[3]{k}.\sqrt{n}$.

Prenons pour exemple, la quantité $\sqrt[3]{20 + 14\sqrt{2}}$; nous avons donc ici $C = 20$, $\sqrt{D} = 14\sqrt{2}$, et par conséquent $C^2 = 400$ et $D = 392$, donc $C^2 - D = 8$, c'est-à-dire un cube : je puis donc faire $k = 1$. Cela posé, j'aurai donc

$$\frac{\sqrt[3]{(C^2 - D)\,k}}{k} = \frac{\sqrt[3]{8} \times 1}{1} = \sqrt[3]{8} = 2,$$

et par conséquent aussi $p = 2$. L'équation $4km^3 - 3pkm - C = 0$ deviendra donc $4m^3 - 6m - 20 = 0$, ou en divisant par 2, $2m^3 - 3m - 10 = 0$; je fais maintenant $m = \dfrac{y}{2}$, pour faire disparaître (**191**) le coefficient du premier terme, et j'ai, toute réduction faite, $y^3 - 6y - 40 = 0$, qui (**220**) a pour diviseur commensurable $y - 4$; donc $y = 4$, et par conséquent $m = 2$; or l'équation $n = m^2 - p$, donne $n = 4 - 2 = 2$;

donc $$\sqrt[3]{20 + 14\sqrt{2}} = 2 + \sqrt{2}.$$

Prenons pour second exemple la quantité $\sqrt[3]{52 + 30\sqrt{3}}$. Ici nous avons $C = 52$, $\sqrt{D} = 30\sqrt{3}$; par conséquent $CC = 2704$, $D = 2700$; donc $CC - D = 4$; donc pour que $(CC - D)\,k$ devienne un cube, il faut supposer $k = 2$; et alors $\dfrac{\sqrt{(CC - D)\,k}}{k}$,

ou p, devient $\dfrac{\sqrt[3]{8}}{2} = \frac{2}{2} = 1$; l'équation $4km^3 - 3pkm - C = 0$, devient donc $8m^3 - 6m - 52 = 0$; faisant $2m = y$, on a

$$y^3 - 3y - 52 = 0,$$

qui a pour diviseur commensurable $y - 4$; donc $y = 4$, et par conséquent $m = 2$; d'ailleurs l'équation $n = m^2 - p$ donne $n = 4 - 1 = 3$. Ayant donc $m = 2$, $n = 3$, $k = 2$, on aura

$$\sqrt[3]{52 + 30\sqrt{3}} = 2\sqrt[3]{2} + \sqrt[3]{2}.\sqrt{3}.$$

On voit à présent comment on doit se conduire pour les quantités plus élevées.

DE LA MANIÈRE D'APPROCHER DES RACINES DES ÉQUATIONS COMPOSÉES.

226. La méthode que nous allons exposer pour approcher de la valeur de l'inconnue dans les équations, suppose qu'on ait déjà une valeur de cette racine, approchée seulement jusqu'à sa dixième partie près. Voyons donc comment on peut se procurer cette première valeur. Prenons pour exemple l'équation

$$x^3 - 5x + 6 = 0.$$

Je substitue dans cette équation, au lieu de x, plusieurs nombres tant positifs que négatifs, jusqu'à ce que deux substitutions consécutives me donnent deux résultats de signes contraires. Lorsque j'en ai rencontré deux de cette qualité, je conclus que la valeur de x est entre les deux nombres qui, substitués au lieu de x, ont donné ces deux résultats; en sorte que si ces deux nombres ne diffèrent l'un de l'autre que de la dixième partie, ou moins de la dixième partie de l'un d'entre eux, j'ai la valeur approchée que je cherche, en prenant l'un ou l'autre, ou un milieu entre eux.

Mais s'ils diffèrent davantage, alors j'opère comme on va le voir.

Je substitue dans l'équation $x^3 - 5x + 6 = 0$ les nombres 0, 1, 2, 3, 4, etc.; mais je m'aperçois bientôt qu'ils donnent tous des résultats positifs, et que cela irait toujours de même à l'infini. C'est pourquoi je substitue les nombres 0, —1, —2, — 3, etc., ce qui me donne les résultats suivants :

$$\textit{Substitutions}, \ 0, -\ 1, -2, -3$$
$$\textit{Résultats}, \quad +6, +10, +8, -6.$$

Je m'arrête donc à ces deux derniers, et je conclus que l'une des racines est entre — 2 et — 3. Mais comme ces nombres diffèrent de 1, qui est plus grand que la dixième partie de chacun, je prends un milieu entre les deux nombres, c'est-à-dire que je prends la moitié — 2,5 de leur somme — 5. Je substitue — 2,5 au lieu de x dans l'équation, et je trouve pour résultat + 2,875, c'est-à-dire une quantité positive ; je conclus donc que la racine est entre — 2, 5 et — 3.

Je prends un milieu entre — 2,5 et — 3 ; c'est — 2,7, en négligeant au delà des dixièmes.

Je substitue — 2,7 dans l'équation, au lieu de x ; je trouve pour résultat — 0,183, c'est-à-dire une quantité négative. Donc puisque — 2,5 a donné un résultat positif, et que — 2,7 en donne un négatif, la valeur de x est entre — 2,5 et — 2,7 ; or ces deux nombres ne diffèrent que de 0,2 qui est plus petit que le dixième de chacun d'eux ; donc la valeur de x est (en prenant un milieu entre deux) — 2,6 à moins d'un dixième près.

Ayant ainsi trouvé un nombre qui ne diffère pas de x, d'un dixième de la valeur de cette même quantité, je suppose x égal à ce nombre plus une nouvelle inconnue z ; c'est-à-dire ici je suppose $x = -2,6 + z$, et je substitue cette quantité au lieu de x dans l'équation ; mais comme z est tout au plus un dixième de la quantité 2,6, que par conséquent son carré sera tout au plus la centième partie du carré de celui-ci, son cube tout au plus la millième partie du cube de celui-ci, et ainsi de suite, je néglige dans cette substitution toutes les puissances de z au-dessus de la première ; et afin de ne pas faire de calculs inutiles, je n'admets dans la formation du cube de — 2,6 + z (et des autres puissances s'il y en avait) que les deux premiers termes que doit donner la règle donnée (**149**).

Pour substituer avec ordre, j'écris comme on le voit ici :

$$x^3 = (-2,6 + z)^3 = (-2,6)^3 + 3(-2,6)^2 z$$
$$-5x = -5(-2,6 + z) = -5(-2,6) - 5z$$
$$+6 = +6$$

Réunissant donc, j'aurai pour le résultat de la substitution,

$$(-2,6)^3 + 3(-2,6)^2 . z - 5 . (-2,6) - 5z + 6 = 0,$$

ou, en faisant les opérations indiquées, et les réductions,

$$15,28z + 1,424 = 0 ;$$

d'où je tire
$$z = -\frac{1,424}{15,28},$$

qui, en réduisant en décimales, donne

$$z = -0,09 ;$$

quantité dans laquelle je ne pousse la division que jusqu'à un chiffre significatif seulement. En général, il ne faut la pousser que jusqu'à autant de chiffres significatifs (y compris le premier qu'on trouve), qu'il y a de places entre celui-ci et le premier chiffre de la première valeur approchée de x : ici entre 9 (qui est le premier chiffre significatif du quotient 0,09) et 2 (qui est le premier chiffre de 2,6) première valeur approchée de x, il n'y a qu'une place ; c'est pourquoi je m'arrête au premier chiffre significatif 9.

La valeur de x, savoir $x = -2,6 + z$, devient donc

$$x = -2,6 - 0,09, \quad \text{c'est-à-dire} \quad x = -2,69.$$

Pour avoir cette valeur de x plus exactement, je suppose actuellement $\quad x = -2,69 + t$;

J'aurai donc
$$x^3 = (-2,69)^3 + 3(-2,69)^2.t$$
$$-5x = -5(-2,69) - 5t$$
$$+ 6 = +6$$

Et par conséquent, après les opérations faites,

$$-0,015109 + 16,7083\, t = 0,$$

d'où je tire $t = \dfrac{0,015109}{16,7083}$, qui revient à $t = 0,000904$.

La valeur de x, savoir $x = -2,69 + t$, devient donc

$$x = -2,69 + 0,000904 = -2,689096.$$

Si l'on veut pousser plus loin, on fera $x = -2,689096 + u$, et on se conduira de la même manière.

Prenons, pour second exemple, l'équation

$$x^4 - 4x^3 - 3x + 27 = 0.$$

En s'y prenant comme ci-dessus, on trouvera que la valeur de x approchée à moins d'un dixième près, est 2,3.

Je fais donc $x = 2,3 + z$. J'aurai en substituant et négligeant z^2, z^3, etc.,

$$x^4 = (2,3)^4 + 4(2,3)^3.z$$
$$-4x^3 = -4(2,3)^3 - 12(2,3)^2.z$$
$$-3x = -3(2,3) - 3z$$
$$+ 27 = +27$$

Donc, toute réduction faite, $-0,5839 - 17,812z = 0$, et par conséquent $z = -\dfrac{0,5839}{17,812} = -0,03$; je me borne aux centièmes, par la même raison que ci-dessus. La valeur de x est donc $x = 2,3 - 0,03 = 2,27$.

Pour approcher davantage, je fais $x = 2{,}27 + t$, et substituant, j'aurai

$$
\begin{aligned}
x^4 &= (2{,}27)^4 + 4\,(2{,}27)^3\,t \\
-\,4x^3 &= -\,4\,(2{,}27)^3 - 12\,(2{,}27)^2\,t \\
-\,3x &= -\,3\,(2{,}27) - 3t \\
+\,27 &= +\,27
\end{aligned}
$$

Donc, toute réduction faite, $-\,0{,}04595359 - 18{,}046468t = 0$; d'où l'on tire $t = -\dfrac{0{,}04595359}{18{,}046468} = -\,0{,}0025$, et par conséquent $x = 2{,}2675$.

RÉFLEXIONS SUR LA MÉTHODE PRÉCÉDENTE.

227. La méthode que nous venons d'exposer, et qui est due à *Newton*, exige, comme on vient de le voir, que l'on trouve deux nombres qui substitués dans l'équation, donnent deux résultats dont l'un soit positif et l'autre négatif. Nous avons dit qu'il y aurait toujours une racine de l'équation qui serait comprise entre les deux nombres qui ont donné ces deux résultats; et cela est facile à voir. Car si l'on suppose que la plus petite valeur de x soit représentée par a, et que celle qui est immédiatement plus grande soit b, en sorte que $x - a$ et $x - b$ soient deux facteurs de l'équation, il est visible que si au lieu de x on substitue un nombre positif plus petit que a, $x - a$ devient négatif. Et si l'on substitue un nombre positif plus grand que a, mais plus petit que b, $x - a$ deviendra positif; et le produit des autres facteurs sera de même signe que dans le premier cas; donc puisqu'il n'y a que le facteur $x - a$ qui a changé de signe, alors le produit total changera sûrement de signe. On démontrerait la même chose, si le plus petit facteur, au lieu d'être $x - a$, était $x + a$, mais en substituant des nombres négatifs.

Mais ne peut-il pas arriver qu'il n'y ait aucune valeur réelle, soit positive, soit négative, qui substituée pour x, donne deux résultats de signe contraire ?

Cela peut arriver dans trois cas: 1° lorsque les racines sont égales deux à deux, quatre à quatre, etc.

2° Lorsque toutes les racines sont imaginaires ;

3° Lorsqu'elles sont en partie imaginaires et en partie égales deux à deux.

Par exemple, une équation qui serait formée de ces quatre

facteurs $x-a$, $x-a$, $x-b$, $x-b$, c'est-à-dire l'équation
$$(x-a)^2 \times (x-b)^2 = 0,$$
ne change jamais de signe, quelque valeur qu'on mette pour x, soit positive, soit négative. En effet, soit que $x-a$ soit positif, soit qu'il soit négatif, son carré est toujours positif. Il en est de même de $x-b$.

Quant au cas où toutes les racines sont imaginaires, il est évident qu'il n'y aucuns nombres réels à substituer pour x qui puissent donner deux résultats de signe contraire; car si cela arrivait, la valeur de x serait donc entre ces deux nombres réels; elle serait donc réelle, ce qui est contre la supposition.

Enfin le troisième cas suit immédiatement des deux que nous venons d'examiner.

Que doit-on donc faire alors pour avoir les racines? C'est ce que nous allons examiner.

DE LA MANIÈRE D'AVOIR LES RACINES ÉGALES DES ÉQUATIONS.

228. Pour avoir les racines égales qu'une équation peut renfermer, *multipliez chaque terme par l'exposant de* x *dans ce même terme, et diminuez cet exposant d'une unité; vous aurez une nouvelle équation. Cherchez le plus grand commun diviseur entre cette dernière et l'équation proposée; il sera composé des racines égales de celle-ci, mais élevées à une puissance moindre d'une unité.*

Par exemple l'équation
$$\begin{aligned} x^4 - 2ax^3 + a^2x^2 \quad &- 2a^2bx + a^2b^2 = 0 \\ -2bx^3 + 4abx^2 &- 2ab^2x \\ + b^2x^2 & \end{aligned}$$
est le produit de $(x-a)^2$ par $(x-b)^2$.

Si vous multipliez chaque terme par l'exposant de x, et si vous diminuez l'exposant d'une unité, vous aurez, en faisant attention que l'exposant de x dans le dernier terme est zéro.
$$\begin{aligned} 4x^3 - 6ax^2 + 2a^2x \quad &- 2a^2b = 0, \\ -6bx^2 + 8abx &- 2ab^2 \\ + 2b^2x & \end{aligned}$$
équation dont le diviseur commun avec l'équation proposée, est
$$\begin{aligned} x^2 - ax &+ ab, \\ -bx & \end{aligned}$$

qui n'est autre chose que $(x-a)(x-b)$, dans lequel on voit les mêmes facteurs que dans $(x-a)^2 \times (x-b)^2$, avec cette différence seulement que dans ce commun diviseur, ils y sont à une puissance moindre d'une unité. Voici la démonstration de cette règle,

Nous avons vu (**149**) que

$$(x-b)^m = x^m + mx^{m-1}b + m\left(\frac{m-1}{2}\right)x^{m-2}b^2 + m\left(\frac{m-1}{2}\right)\left(\frac{m-2}{3}\right)x^{m-3}b^3\ldots$$

Concevons que dans le second membre on multiplie chaque terme par l'exposant de x, et qu'on diminue cet exposant d'une unité; on aura

$$mx^{m-1} + m(m-1)x^{m-2}b + m\left(\frac{m-1}{2}\right)(m-2)x^{m-3}b^2$$

$$+ m\left(\frac{m-1}{2}\right)\left(\frac{m-2}{3}\right)(m-3)x^{m-4}b^3\ldots$$

Or cette quantité n'est autre chose que

$$m\left\{ x^{m-1} + (m-1)x^{m-2}b + (m-1)\left(\frac{m-2}{2}\right)x^{m-3}b^2 \right.$$

$$\left. + (m-1)\left(\frac{m-2}{2}\right)\left(\frac{m-3}{3}\right)x^{m-4}b^3\ldots \right\},$$

c'est-à-dire (**149**) qu'elle est précisément $m(x+b)^{m-1}$.

Concluons donc que lorsqu'on multiplie les termes qui composent la puissance m du binome $x+b$, chacun par l'exposant de x dans ce terme, ce produit est précisément la puissance immédiatement inférieure, multipliée par l'exposant de la puissance actuelle. La règle est donc démontrée pour le cas où toutes les racines sont égales.

Supposons actuellement que l'on ait $(x+b)^m \times (x+d)^n$, en développant de même $(x+b)^m$ et $(x+d)^n$, et multipliant les deux résultats l'un par l'autre; si vous multipliez ensuite chaque terme, par l'exposant de x, vous trouverez de même par le calcul, que le résultat n'est autre chose que

$$m(x+b)^{m-1} \times (x+d)^n + n(x+b)^m \times (x+d)^{n-1},$$

dont le commun diviseur avec $(x+b)^m \times (x+d)^n$ est

$$(x+b)^{m-1} \times (x+d)^{n-1}$$

et ainsi de suite, quel que soit le nombre des facteurs $x+b$, $x+d$, etc.

DE LA MANIÈRE D'AVOIR LES RACINES IMAGINAIRES DES ÉQUATIONS.

229. Quoique les racines imaginaires des équations soient susceptibles de bien des formes différentes selon le degré de l'équation, néanmoins on peut les ramener toutes à cette forme $x = a + b\sqrt{-1}$, a et b étant des quantités réelles positives ou négatives. La démonstration rigoureuse de cette proposition nous mènerait trop loin : on la trouvera dans les *Mémoires de l'Académie de Berlin*, année 1746, où d'Alembert, auteur de cette démonstration, fait voir qu'en même temps qu'une des valeurs de x peut être représentée par $a + b\sqrt{-1}$, il y en a une autre qui doit être exprimée par $a - b\sqrt{-1}$; d'où il suit 1° qu'il n'y a que les équations de degrés pairs qui puissent avoir toutes leurs racines imaginaires.

2° Qu'une équation qui a toutes ses racines imaginaires, est décomposable en facteurs du second degré de cette forme

$$(x - a - b\sqrt{-1}) \times (x - a + b\sqrt{-1}),$$

c'est-à-dire en facteurs réels du second degré ; puisqu'en faisant la multiplication, on a

$$x^2 - 2ax + aa + bb,$$

quantité où il n'y a plus d'imaginaires. Donc, lorsqu'une équation a toutes ses racines imaginaires, si l'on cherche à la décomposer en facteurs du second degré tels que $x^2 + gx + h$, [ce que l'on fera de la manière qui a été indiquée (**223**)], l'équation en h aura sûrement quelques racines réelles ; donc on pourra toujours avoir ces racines, au moins par approximation. Donc dans quelque équation que ce soit, on peut toujours avoir les racines soit réelles, soit imaginaires, au moins par approximation.

FIN DES ÉLÉMENTS D'ALGÈBRE.

TABLE DES MATIÈRES.

TABLE DES MATIÈRES.

FIN DE LA TABLE DES MATIÈRES.